GUY BABAULT

CHARGÉ DE MISSION
ASSOCIÉ DU MUSÉUM NATIONAL D'HISTOIRE NATURELLE
LAURÉAT DE LA SOCIÉTÉ DE GÉOGRAPHIE
MEMBRE DE LA " ROYAL GEOGRAPHICAL SOCIETY "

RECHERCHES ZOOLOGIQUES

DANS LES

PROVINCES CENTRALES DE L'INDE

ET DANS LES RÉGIONS OCCIDENTALES

DE L'HIMALAYA

Ouvrage illustré de 80 reproductions photographiques
hors texte et de quatre cartes

PARIS

LIBRAIRIE PLON

PLON-NOURRIT et Cᵢᵉ, IMPRIMEURS-ÉDITEURS

8, RUE GARANCIÈRE — 6ᵉ

Tous droits réservés

RECHERCHES ZOOLOGIQUES

DANS LES

PROVINCES CENTRALES DE L'INDE

ET DANS LES RÉGIONS OCCIDENTALES

DE L'HIMALAYA

GUY BABAULT

CHARGÉ DE MISSION
ASSOCIÉ DU MUSÉUM NATIONAL D'HISTOIRE NATURELLE
LAURÉAT DE LA SOCIÉTÉ DE GÉOGRAPHIE
MEMBRE DE LA " ROYAL GEOGRAPHICAL SOCIETY "

RECHERCHES ZOOLOGIQUES

DANS LES

PROVINCES CENTRALES DE L'INDE

ET DANS LES RÉGIONS OCCIDENTALES

DE L'HIMALAYA

Ouvrage illustré de 80 reproductions photographiques
hors texte et de quatre cartes

PARIS

LIBRAIRIE PLON

PLON-NOURRIT ET Cⁱᵉ, IMPRIMEURS-ÉDITEURS

8, RUE GARANCIÈRE — 6ᵉ

AVANT-PROPOS

Chargé par le ministère de l'Instruction publique et le Muséum national d'histoire naturelle de réunir des documents sur la faune et la flore des hauts plateaux himalayens, d'étudier sur place la vie des animaux sur cette partie du globe que certains auteurs ont appelée avec raison le « toit du monde », nous n'avons fait, au cours des pages qu'on va lire, que raconter succinctement ce que nous avons vu. Qu'aurions-nous ajouté aux pages merveilleuses des grands voyageurs du passé? A travers les années, l'aspect des choses change peu. Les peintures modernes s'écaillent et s'effritent dans les grands palais solitaires qu'habitent les derniers radjahs, tandis que les marbres du Taj gardent leur suprême splendeur.

Nous nous sommes donc cantonné dans nos attributions. Accompagné de notre préparateur, Jean Déprimoz, de notre taxidermiste, Julien Simon, nous nous sommes d'abord rendu au cœur des Provinces centrales. Un voyage précédent nous avait permis d'apprécier et d'évaluer les ressources zoologiques de cette curieuse contrée. C'était là la première partie de notre programme, qui comportait également, des recherches sur le territoire du Népal. Un refus de circulation, de la part des autorités de cet État libre, nous força de modifier tout à coup nos projets et nous dûmes partir pour les chaînes himalayennes de l'ouest.

Les péripéties et les incidents qui accompagnèrent la traversée des monts fameux trouveront leur place plus loin. Quelques-unes des photographies prises en cours de route permettront au lecteur de se faire une idée très juste des difficultés du parcours.

Le coup de foudre du 2 août 1914 nous surprit en Rukshu, sur les bords mêmes de l'Indus, à des centaines de kilomètres de tout chemin de fer. Nous dûmes revenir en hâte par le Kashmir. Notre itinéraire primitif comportait pourtant le retour à travers le Rudok, et, après l'embarquement de nos collections pour la France, la visite de Ceylan, de Java et de Sumatra, où nous avions l'intention de nous livrer à la recherche de quelques rares spécimens. Les circonstances ne nous le permirent pas. Après des marches et des contremarches dont on trouvera le détail dans ce journal de route, nous réussîmes à gagner la côte et à nous embarquer à destination de la France.

Le volume que nous présentons au public contient donc le bref résumé de notre exploration. Nous avons sacrifié la vaine rhétorique — en fait-on en voyage? — et publié ailleurs, dans des fascicules distincts, les résultats scientifiques, tous les détails techniques de nos observations. Notre vrai but, ici, n'est pas de faire preuve de savoir; mais d'offrir au lecteur les moyens de suivre avec nous le rude chemin des étapes, de s'associer à nos joies, aux fatigues des journées creuses, à l'émotion des découvertes, en un mot de l'intéresser. Puissions-nous y bien réussir.

Avant de terminer ce court avant-propos, qu'il nous soit permis d'exprimer notre reconnaissance au vice-roi des Indes qui a bien voulu nous accorder la plus grande liberté d'action et nous faire délivrer par l'honorable M. Wood, du gouvernement général, les pièces officielles dont il nous fallut nous munir.

Les maharadjahs de Nalaghar, Belaspur, Mandi et Suket; le général commandant la place de Jubbulpore; le général commandant le Transport-Corps indien; le chef du T. C. de Jubbulpore; MM. Gordon, Walkers, Rogers, Renouf, le major Ferrar, Betchey, agent du gouvernement anglo-indien; M. Mar-

tin, consul de France à Bombay, et tout particulièrement nos distingués confrères, MM. Annandale et Gravely, de l'Indian Museum, voudront bien trouver ici l'expression de notre gratitude pour l'appui cordial qu'ils ont bien voulu nous prêter.

Nous assurons enfin M. J. de La Batie, consul général de France à Delhi, de notre profonde reconnaissance. Les résultats scientifiques obtenus par notre mission n'ont été rendus possibles que grâce à ses démarches inlassables et bienveillantes. Nous sommes heureux de l'écrire ici, de rendre un hommage public à l'amabilité, à la parfaite courtoisie de ce haut fonctionnaire qui sait mettre au service de notre cher pays, avec une grande distinction naturelle, le patriotisme le plus éclairé et le dévouement le plus sûr.

G. B.

RECHERCHES ZOOLOGIQUES

DANS

LES PROVINCES CENTRALES DE L'INDE ET DANS L'HIMALAYA

CHAPITRE PREMIER

Départ de Jubbulpore. — Organisation de nos recherches. — A travers les Provinces centrales. — Mandla. — Incendie de forêts. — Dans la zone boisée de Kawarda. — Chasse au tigre sur les bords de la Motinala.

JUBBULPORE, *janvier 1914*. — Le jour du départ est arrivé. Nous allons nous enfoncer dans la jungle, faire connaissance avec la forêt mystérieuse où chaque mare, chaque pierre, chaque buisson peuvent recéler des dangers : la morsure d'un reptile ou l'attaque brutale d'un grand félin ; mais aussi peuvent nous permettre une observation biologique ou zoogéographique d'un indéniable intérêt.

Peut-être identifierons-nous un animal nouveau, qui nous fournira le moyen de rapprocher certains groupes ou d'établir une distinction plus exacte entre des genres considérés comme éloignés, de découvrir une espèce vivante non connue jusqu'ici ou des restes d'êtres ayant disparu lors des périodes géologiques précédentes. Peut-être plus simplement ne pourrons-nous reconnaître que des variétés séparées, considérées à tort comme des espèces distinctes, et montrer qu'au contraire elles sont réunies par des types de transition dont l'étude biologique ainsi que celle du milieu où ils se trouvent cantonnés permettront d'envisager les raisons ayant déterminé leur morphologie différente. Enfin, la découverte de parasites vivant aux dépens des indigènes ou des animaux domestiques ou sauvages que nous rencontrerons nous permettra peut-être de jeter quelque lumière sur la biologie de ces êtres et d'étendre par ce fait les connaissances parasitologiques.

Quoi qu'il en soit, nous sommes gais, reposés de notre voyage; nous ne songeons pas au danger. Notre instinct de naturaliste et de chasseur nous garde de toute imprudence, et notre départ est joyeux.

L'escorte se compose de montagnards Pathams, gars solides, durs à la peine, de quelques Punjabis du nord, hommes plus sociables et plus souples que les premiers. Un naïke (sous-officier indigène) commande le détachement, dont l'effectif est à peu près celui d'une section militaire du Transport-Corps. Le général commandant en chef les troupes de cette arme a bien voulu mettre à notre disposition, en même temps que des hommes, des voitures régimentaires tirées par des mules indiennes.

Mes deux fidèles compagnons d'expédition, Jean Déprimoz et Julien Simon, excellents préparateurs auxquels j'ai adjoint deux indigènes au courant des travaux de taxidermie, sont chargés du soin délicat de préparer les peaux de nos trophées. Les deux indigènes ont nom Sher Khann (le seigneur tigre) et Wazir Khann. Ils sont de religion mahométane. Le premier deviendra par la suite mon premier préparateur indien et je n'aurai qu'à me louer de ses services.

L'organisation générale de la caravane est l'œuvre de notre ami et compagnon, le colonel R..., dont nous aurons souvent à parler au cours du récit de nos recherches dans les Provinces centrales.

Notre première étape comprend une longue marche dans

la plaine, à travers les innombrables rizières environnant la cité et dans la direction de la ligne des collines de Barella, qui barrent l'horizon vers le sud-est. Dès que nous abandonnons la plaine, la forêt commence avec son fouillis impénétrable de hautes herbes et de bambous. Malgré cette abondante végétation, l'ombre demeure rare et nous souffrons de la chaleur.

Vers 5 heures, nous mettons pied à terre devant le bungalow de Dobbi. L'étape a été courte, ce qui nous permet de mettre à profit les dernières heures du jour en organisant des battues pour demain. Ces dernières constituent en effet le moyen le plus sûr de se rendre compte de la composition faunique des régions forestières traversées.

DOBBI. — Un des gardes forestiers que j'ai fait mander pour diriger les battues m'apprend qu'il a entendu crier un tigre dans le voisinage. Nous décidons en conséquence d'entreprendre des recherches autour du Dack et nous quittons le camp vers 7 heures.

Arrivés sur le lieu de la chasse, nous nous plaçons à 200 mètres les uns des autres et le travail des rabatteurs commence. Un « black-buck » (*antilope cervicapra*) et une troupe de « sambhurs » (*Cervus unicolor*) passent seuls à portée de nos carabines. Nous les manquons avec un ensemble déconcertant. Un peu plus tard, nous blessons un daguet de deux ans de cette dernière espèce, et Jean réussit à le bouler au moment où il essaie de reprendre la fuite.

Deux battues consécutives ne donnent pas d'autre résultat au point de vue cynégétique, mais nous permettront de dresser la liste des animaux les plus répandus dans la région et de constater le très petit nombre d'oiseaux qui sont passés devant nous, malgré l'ardeur de la battue.

Sur le soir, nous recevons d'intéressantes nouvelles au

sujet des félins et nous fixons de lever le camp à 8 heures du matin, afin d'aller à Dhanwhai. Nous visiterons en cours de route plusieurs ravins à tigre, et si ce gibier difficile à atteindre nous fait défaut, nous aurons, il faut l'espérer, l'occasion d'abattre quelques cerfs avant leur rentrée en forêt.

DOBBI A DHANWHAI. — Nous partons avant le lever du jour. La voûte étoilée est splendide ; nous nous hâtons en silence vers le rendez-vous assigné. Après une demi-heure de marche, notre shikari nous arrête en bordure de la plaine que longe un vaste ravin. Comme la veille, nous nous plaçons à 200 mètres les uns des autres. Nous repérons nos positions respectives à l'aide du sifflet. Puis nous nous taisons, l'arme prête. Les bruits de la forêt font présager l'aurore ; l'horizon s'éclaire bientôt ; une bande de clarté rose glisse sur le sol incliné et brusquement le soleil surgit inondant la forêt de ses rayons étincelants.

Énervé par la longue attente, je demande à mon guide indien de me conduire dans le bois. Nous descendons dans le lit desséché d'un torrent que nous suivons ensuite vers l'aval. Le sol, couvert de feuilles mortes, craque sous chacun de nos pas. Soudain le cri d'un léopard — cri très particulier et que l'on n'oublie pas quand il a frappé notre oreille — retentit dans les environs. Dissimulés derrière les touffes de bambous, nous attendons le passage du fauve qui semble remonter le ravin dans notre direction. Trompant notre vigilance, il s'éloigne sans que nous puissions le tirer.

Dans un bas-fond rocailleux, des traces, qui paraissent fraîches, attirent notre attention ; nous les suivons pendant quelques minutes, puis le terrain devient plus sec et les traces disparaissent.

Déprimoz et Simon nous rejoignent à ce moment et visitent avec nous les fourrés susceptibles d'abriter le félin.

Nos tentatives demeurent malheureusement vaines et nous reprenons le chemin du bungalow avec un peu de dépit.

Une heure plus tard, la caravane quitte Dobbi; la route serpente dans une forêt, contenant à peu près les mêmes essences que celles d'hier; la végétation y est pourtant plus puissante et la faune plus riche de cette contrée nous fournit un plus grand nombre de spécimens entomologiques et herpétologiques.

- A une heure de l'après-midi nous sommes à Dhanwhai, où nous installons le camp à côté de l'unique habitation du gouvernement, réservée à la police du district. L'agglomération indigène s'élève à 200 mètres de ce lieu; ses misérables cases sont disséminées sans ordre sous d'immenses arbres dont les frondaisons constituent, contre le vent et la pluie, un rempart plus puissant que les maigres toitures dont elles sont surmontées.

Nous consacrons les dernières heures du jour à préparer les animaux capturés la nuit dernière à l'aide de nos pièges, et à organiser de nouvelles battues pour le lendemain.

Au moment de nous coucher, nous plaçons pour la première fois nos fusils chargés à portée de la main. La proximité de la forêt rend possible une incursion des fauves dans le camp. Nos nombreuses bêtes de somme en feraient les frais. Ce simple geste de prudence nous réintègre dans notre qualité de voyageur naturaliste et amène un sourire sur nos lèvres. Nous nous endormons en caressant l'espoir de journées mieux remplies dans la suite de nos étapes.

DHANWHAI, *31 janvier*. — Nous employons la matinée à la recherche de spécimens entomologiques. Le résultat est maigre; quelques coprophages pourtant nous paraissent intéressants.

Après le déjeuner, départ pour les battues. Le shikari

nous assigne nos postes. Déprimoz et Simon vont se placer sur nos côtés. Le colonel R... et moi tenons le centre de la ligne. Le signal est bientôt donné. Un de mes porteurs de fusil qui explore les environs, juché sur un arbre, me fait tout à coup signe qu'un fauve se dirige vers nous. Minute émotionnante! A en juger par la précision des gestes de l'indigène, le fauve doit être tout près de moi. Au moment où toute mon attention se concentre sur la clairière qui me fait face, les fourrés de gauche s'écartent et un loup *(Canis pallipes)* débouche au grand trot. A la même minute, un bruit de branches violemment secouées me fait regarder en arrière et j'ai la surprise d'apercevoir un tigre qui, d'un bond formidable, plonge dans les fourrés. En raison de la direction suivie par le félin, nous organisons immédiatement une deuxième battue et pénétrons plus avant dans la forêt. Ni cette battue, ni celle qui la suivit, ne nous permirent de retrouver le splendide animal.

1ᵉʳ février. — Souffrant d'un accès de goutte, le colonel préfère chasser le tigre du haut d'un arbre. Nous ferons donc comme lui. Des sortes de sacs, dans lesquels nous prendrons place, sont fixés à plusieurs mètres de hauteur, de solides cordes les retiennent aux branches désignées par le shikari.

Après le déjeuner, nous prenons possession de ces « matchans » et nous attendons que les rabatteurs dirigent vers nous le gibier. Les minutes sont interminables, mon voisin bâille et me confie qu'il ne goûte guère ce genre de sport. Je l'approuve à part moi. Cette chasse manque de noblesse. Elle a aussi ses inconvénients, car cette position serait en effet dangereuse si quelque léopard se décidait à nous attaquer. Du reste, nos « matchans », nos soixante-quinze rabatteurs auxquels se sont joints je ne sais combien de volontaires gonds, demeurent inutiles. L'hôte royal des jungles ne daigne pas se montrer et nos observations ne nous donnent rien de bien important à enregistrer.

Au camp, après notre retour, nous apprenons que le tigre a cependant fait des siennes au cours de la nuit. Il a mis à mal neuf pauvres vaches domestiques, à trois milles environ de notre lieu de campement.

2 février. — Pendant la nuit, le tigre s'est fait entendre dans la direction du sud-ouest. Pour en débarrasser les gens du pays, le chef du village voisin nous demande de faire une battue à l'endroit même où le fauve s'est offert un si beau déjeuner.

Nous nous mettons en route de bonne heure. Les rabatteurs nous montrent bientôt les traces fraîches du félin. Les empreintes sont nombreuses et donnent l'impression que toute une famille vient de passer là. Nous cernons immédiatement le ravin. Posté sur un arbre qui domine le torrent, je vois tout à coup le tigre qui traverse en quelques bonds le lit desséché du cours d'eau et disparaît dans la jungle avec la rapidité de l'éclair. Décidément, c'est la guigne ! Je me décide quand même à organiser une nouvelle battue, et nous prêtons l'oreille, attentifs au moindre bruit, frémissant de tous nos nerfs lorsque le bruissement d'un corps se fait entendre auprès de nous. Rien ne vient. Seul un « sambhur » de grande taille passe à portée du colonel et reçoit une balle qui ne réussit pas à l'arrêter.

Pendant que nous nous livrions au plaisir de la chasse, la caravane s'est dirigée vers Tikaria. Nous partons à sa recherche. Chemin faisant, Jean et Simon abattent une aigrette et de jolis oiseaux, sur le bord d'un étang.

TIKARIA, *3 février*. — Bâti au sommet d'une colline boisée, le Dack domine de haut la vallée. Le coup d'œil est fort beau,

Beaucoup d'hôtels indous pourraient envier l'installation confortable de ce bungalow.

Nous en repartons vers 10 heures et nous sommes bientôt à Chiraidongri. La route, très pittoresque, suit de loin les méandres de la rivière, dont nous voyons de temps à autre, à travers le voile des branches, briller la surface argentée. La végétation est luxuriante et nous admirons sa fraîcheur. Autour de la bourgade s'étendent d'importantes cultures de blé, de riz, de chanvre Une espèce de noix (mirabolom), qui vient en abondance dans la jungle, contribue à enrichir les indigènes de cette florissante région.

C'est jour de marché. Notre passage au milieu des naturels provoque un mouvement de curiosité. Nous flânons pendant quelques minutes, amusés par le spectacle coloré que nous avons sous les yeux. Vêtus d'oripeaux qui semblent dérobés à quelque fripier des bazars orientaux, les marchands débitent leurs denrées à des acheteurs souvent à moitié nus. Tout au bout du village, des buffles domestiques font l'objet de tractations ardues. Je me renseigne sur leur valeur et j'apprends que le prix d'un buffle mâle va de 16 à 40 roupies; celui d'un buffle femelle de 90 à 120. Les poulets valent 3 annas. Le reste à l'avenant. Heureux pays, en vérité.

A une heure et demie, nous atteignons le bungalow. Nous y déjeunons convenablement; mais les boissons brillent par leur absence et nous devons nous contenter d'un peu de thé, servi à la fin du repas.

L'après-midi est consacré à la préparation des bêtes abattues. Vers le soir, le ciel s'assombrit; la température est plus froide.

TIKARIA A MANDLA, *4 février*. — En cours de route nous réussissons à surprendre plusieurs perdrix, dont l'une, d'assez forte taille, nous est inconnue. Nous avons plus loin

JUBBULPORE : ENTRÉE DE LA CITÉ INDIGÈNE

JUBBULPORE : L'ÉTANG SACRÉ

a

JUBBULPORE : UNE AVENUE DU BAZAR

GROUPE DE SOLDATS AU SERVICE DE LA MISSION

le spectacle d'un groupe de vautours (*Otogips calvus*) qui, mêlés à des néophrons blancs, chauves, à tête jaune, venant probablement d'achever un festin, sautillent sur le sol et explorent le terrain environnant, dans le but de trouver quelques bribes abandonnées par les plus gloutons d'entre eux, au cours du dépeçage. Dans les clairières, des gazelles de Bennett nous regardent passer avec timidité, tandis que les sous-bois retentissent des cris rauques poussés par des troupes de singes gris (*Presbytis entellus*) si communs dans cette région.

Nous arrivons de bonne heure à Mandla. Le bungalow est assez bien installé, mais la qualité inférieure des aliments et l'absence de boissons européennes nous surprennent désagréablement.

Après dîner, tam-tam au village. La cacophonie est étrange et les chants sont assourdissants. Les hommes dansent seuls, les femmes indigènes contemplent leurs seigneurs et maîtres, mais sans se mêler à leurs jeux.

5 février. — Visite de Mandla. Malgré l'altitude de 500 mètres, le climat est chaud et humide; une forte rivière coule au bas de la ville, puis s'éloigne entre deux rangées de collines moyennes recouvertes d'épais bambous. Les maisons sont disséminées dans de vastes jardins, coupés de routes larges mais assez mal entretenues. Les demeures des fonctionnaires, — Mandla est chef-lieu de district, — le Post-office, la station du chemin de fer, bâtie de l'autre côté du fleuve que traverse un pont en pierre de 2 kilomètres de long, une prison enfin donnent à la cité un faux air d'importance que dément son peu de trafic. Nul magasin européen. Pas de « refreshment-room », et la gare est tête de ligne!

Pourtant l'ensemble est pittoresque. Quelques temples

anciens, témoins d'un passé fastueux, dominent la rivière. Un ghat aux marches délabrées, sur lesquelles circulent des silhouettes de femmes drapées de couleurs vives, descend jusqu'à la Nerbudda. Dans les jardins épars, des plantes aux fleurs tropicales, des palmiers solitaires contribuent à vêtir de charme ce cadre tout oriental.

Le quartier indigène ressemble à celui de toutes les villes de l'Inde. Peut-être, en raison de l'espace qui est dévolu aux maisons, du non-entassement des boutiques et des échoppes, l'aspect est-il plus propre, moins répugnant qu'ailleurs.

A en croire les indigènes, Mandla, maintenant endormie, serait appelée pour plus tard à des destinées moins obscures. Une légende religieuse — je n'ai pas vérifié l'exactitude du fait — enseignerait que la Nerbudda doit devenir un jour la rivière sacrée de l'Inde. Les milliers de pèlerins qui fréquentent aujourd'hui Bénarès et les bords du Gange, viendraient plonger leur corps de bronze dans les eaux de la Nerbudda. La cité sortirait ainsi de sa léthargie séculaire, la puissance divine conférée par la Trimourti de Brahma transformant le pays en un petit Pactole... Toutes les légendes sont belles. Pour Mandla et ses habitants, celle-ci représente le plus merveilleux des espoirs.

6 février. — Journée féconde en résultats. Le tableau de chasse s'allonge. La jungle qui fait face à la ville est de toute beauté. Nous y avons recueilli des spécimens nombreux d'oiseaux de toutes sortes. Seuls les insectes y sont rares. Malgré la présence de mimosas en fleurs, ni buprestides ni cétonides.

Un jeune chien sauvage, acheté à très chers deniers, entre aujourd'hui à notre ménagerie. Il aura nom « Mandla ». Agé de deux mois et demi, de poil jaune, doux par tempérament,

puisse « Mandla » s'attacher à son maître et justifier l'amitié
que dès aujourd'hui je lui voue.

7 février. — Au moment du départ, l'un de nos chevaux se
déferre. L'accident réparé, nous traversons le fleuve au
moyen d'un bac primitif, composé de huit bateaux attachés
deux par deux et reliés transversalement par une planche
munie d'un garde-fou en bois. Placés à l'arrière, les bateliers
godillent d'une façon bizarre, à l'aide de fortes et grossières
pelles, qui impriment au bac un mouvement assez peu rapide
mais régulier.

A peine débarqués, nous nous enfonçons dans la plaine.
Son aridité est frappante. Nous en sortons au moment du
premier arrêt. L'un de nous a distingué, au bord d'une mare
entourée de petits bois, une bande de corneilles, et parmi
celles-ci un oiseau dont le plumage porte des traces d'albi-
nisme. Nous ne pouvons malheureusement pas capturer cette
rareté. La bande prend son vol et nous devons nous contenter de quelques superbes ibis.

En cours de route, nous apprenons que la contrée est
sillonnée par un grand nombre d'officiers anglais, venus du
Punjab pour chasser le tigre. La végétation ne paraît pas
cependant offrir au félin les retraites qu'il affectionne. En
revanche, les chacals y abondent. La nuit venue, ces voisins
incommodes nous gratifient d'un épouvantable concert.

8 février. — L'étape que nous devons parcourir aujour-
d'hui sera courte. En raison de la chaleur de la journée,
nous levons le camp de bonne heure. Bien nous en prend.
Une poussière, dont la couche atteint parfois 20 centimètres
d'épaisseur, rend la marche plus pénible pour nous et
nos montures. Nous avançons à travers une jungle desséchée, composée d'arbres à demi morts et dont les plus

robustes ne portent qu'un maigre feuillage. Les bambous ont presque complètement disparu. Le paysage rappelle le Sotik, en Afrique orientale, ou certaines parties de la Rhodésie. Des amas de rochers, très nombreux sur notre parcours, forment de véritables petits « kobjes ».

Un peu avant d'arriver à Bhonda, les forêts s'épaississent. Nous dressons nos tentes à proximité du bungalow. Pendant le déjeuner, un homme nous annonce qu'un violent incendie vient de se déclarer dans les environs. La sécheresse des herbes lui offrant un aliment facile, il y a du danger à demeurer dans ce lieu. Pour nous rendre compte de l'exactitude du fait, nous partons en observation. Le vent pousse heureusement les flammes dans une direction oblique. Le camp est donc à l'abri, mais nous décidons de profiter de l'occasion qui se présente. Le feu nous servant de rabatteurs, pourquoi ne tirerions-nous pas les nombreux animaux qui vont fuir devant lui ?

D'ailleurs le spectacle est unique. L'incendie gagne du terrain. Ses crépitements formidables ont quelque analogie avec le murmure des flots. On dirait qu'un souffle géant courbe les arbustes feuillus. Des gerbes d'étincelles, visibles malgré la fumée, s'éparpillent dans tous les sens. Des animaux, en trombe, passent devant nos yeux dans un défilé surprenant. Ils ont mis leur salut dans leur agilité. Au-dessus d'eux, de grands rapaces décrivent des cercles précis. Des nuées de vautours planent en avant du feu clair. Ils plongent brusquement, à même le brasier, puis d'un vol puissant se soulèvent, emportant leur proie dans leurs griffes.

Placés de biais devant les flammes, nous regardons de tous nos yeux. Un fauve peut surgir d'une minute à l'autre. Cependant le feu se rapproche ; il semble venir droit sur nous. La fumée nous aveugle et nous devons battre en retraite. Déprimoz a même failli être pris. Voulant s'emparer d'une pièce abattue par son coup de feu, il s'est avancé sans prudence. Les flammes l'ont enveloppé et ce n'est qu'à grand'peine qu'il a pu sortir du brasier. Afin d'enlever tout prétexte à mes compagnons imprudents, je donne aussitôt l'ordre de rallier les tentes.

La forêt brûle encore au loin. Le vent s'est apaisé, et les flammes, plus faibles, s'enlèvent moins haut dans le ciel.

9 février. — En quittant le lieu de campement, nous traversons premièrement la zone incendiée qui s'étend jusqu'à une plaine aride. Au centre du terrain désert s'élève un misérable hameau indou, à peu de distance d'une rivière tarie. A la vue de nos armes, l'un des habitants s'avance au-devant de nous et, par signe, nous invite à le suivre. Il nous mène jusqu'à une colline peu éloignée, au pied de laquelle nous descendons de cheval. Derrière le monticule, bientôt gravi, deux antilopes broutent paisiblement l'herbe rase. Nous les tirons à la hâte; mais les jolies bêtes s'enfuient en bondissant et nous ne pouvons pas nous rendre compte de l'effet de notre tir. Simon a profité de notre arrêt pour suivre le cours d'un ruisseau. Il nous rejoint, porteur de plusieurs oiseaux, parmi lesquels une aigrette et des falconidés.

Nous nous remettons en marche, et, à midi précis, nous atteignons le bungalow d'étape. Nous nous trouvons au seuil d'une région montagneuse et sauvage. Comme nous terminons notre repas, une bourrasque subite nous donne un avant-goût des émotions que doivent causer les typhons indiens aux navigateurs. Il s'en faut de peu que les tentes ne soient arrachées. A 3 heures, la violence du vent redouble et le ciel se couvre de tous côtés.

Un de nos hommes est allé puiser de l'eau dans une mare voisine. Au retour il nous raconte qu'un animal, dont il n'a fait qu'entrevoir la forme, mais qui lui a paru gros, a rampé

vers lui, parmi les hautes herbes, probablement pour l'attaquer. Le doigt sur la détente de nos carabines, nous battons
les fourrés autour de l'endroit désigné, mais sans découvrir
la bête.

SIJHORA, *10 février*. — Départ à 4 heures et demie. Le
temps s'est remis au beau. Un clair de lune magnifique baigne
le paysage. Nous allons en silence, avec le secret espoir de
surprendre le seigneur tigre en promenade matinale... Nous
ne rencontrons que des « blacks-bucks » en troupe, et, un
peu plus tard, des antilopes nilghaut *(Boselaphus tragoca-
melus)*. L'un de nous reussit à abattre une femelle de cette
dernière espèce. A 11 heures, les tentes sont dressées sous
de grands arbres, sur une éminence d'où la vue découvre
tout le pays environnant. Les forêts sont très épaisses et
doivent servir de retraite à des animaux intéressants.

Le village indigène est à une portée de fusil. Un Post-
office dont la boîte aux lettres constitue l'ornement principal,
un poste de police et deux misérables bungalows, dont l'un
est réservé aux voyageurs, cependant que l'autre sert exclusivement à recevoir les fonctionnaires en tournée d'inspection ou en déplacement, composent, avec des huttes primitives, toute la partie architecturale du lieu.

Nos shikaris nous révèlent la présence, dans le voisinage,
de trois félins. Le colonel R... achète alors de jeunes buffles
qui serviront d'appât.

Avant l'entrée de la nuit, je retourne, accompagné de l'un
des taxidermistes, à l'endroit où nous avons laissé le corps
de l'antilope, espérant pouvoir prendre quelques notes biologiques sur des oiseaux que nos hommes auraient remarqués
auprès du cadavre abandonné. Arrivé à cette place, je ne
trouve pas le moindre oiseau ni même le corps de l'antilope,
qui a disparu, enlevé par des vautours sans ailes et qui, s'ils

manquent de serres et de bec, n'en ont pas moins l'habitude du vol, et une rapacité qui ne le cède en rien à celle de leurs congénères les oiseaux. De grosses branches coupées aux arbres voisins m'apprennent du reste que ces vautours savent se servir de brancards.

VALLÉE DE MOTINALA, *11 février*. — Je pars à 5 heures, avec Jean et Simon, à la recherche des cervidés et des ours. De hautes herbes recouvrent le sol. Au cours de notre exploration hâtive, nous apercevons trois hardes de « sambhurs ». Les mâles, de magnifiques bêtes, mais fort méfiantes, ne tardent pas à nous éventer et nous devons renoncer à les approcher suffisamment pour que le tir soit efficace.

Nous passons au camp les heures chaudes de la journée. Vers 4 heures, nous repartons, cette fois avec le désir impérieux de nous procurer des vivres. Le garde-manger de la caravane est à peu près vide. De plus, nous avons acheté et dévoré tous les poulets du village. Il faut absolument que nous abattions quelque chose... Nous rentrons les mains vides.

En pleine nuit, alerte. Des piétinements, des cris nous tirent du sommeil. Nous sautons sur nos armes. Dehors, au clair de lune, nous nous heurtons à un troupeau de buffles que des conducteurs affolés malmènent en hurlant. L'émotion ambiante calmée, j'apprends qu'un tigre, ou quelque léopard, s'est glissé dans le camp et a attaqué par surprise l'un des buffles des marchands. Les vociférations ont mis le félin en fuite. Dépités d'avoir été dérangés pour un si piètre résultat, je regagne ma tente. Jean et Simon, qui espèrent le retour du félin, montent une garde attentive jusqu'aux approches du matin.

12 février. — Recherche des coléoptères sur les bords sablonneux d'un cours d'eau. Nous capturons de fort jolis

carabides, au facies d'omophrons, qui paraissent intéressants. La fatigue de ces jours derniers m'occasionne de la
fièvre. Je me mets au lit et laisse mes compagnons se livrer
à nos occupations quotidiennes. Vers le soir, mon pouls est
meilleur. J'en serai quitte pour ce léger malaise.

Déprimoz, parti à la chasse après le déjeuner, rentre au
camp avec un sanglier superbe. La venaison manquait. Aussi
la perspective d'un excellent repas met-elle tout le monde
d'excellente humeur.

Au cours de la nuit, nouvelle alerte. Une petite antilope à
quatre cornes met les environs du camp en révolution. Ses cris
rauques, auxquels répondent pittoresquement ceux d'une
chouette perchée sur un arbre du voisinage, nous font supposer que le tigre rôde dans les fourrés. Peu à peu tout rentre
dans l'ordre ; l'antilope s'éloigne et la nuit s'achève, paisible.

13 février. — Pour dissiper entièrement ma fatigue, je me
repose jusqu'à 8 heures. L'un de mes shikaris m'a du reste
promis qu'il me fournirait l'occasion de chasser le tigre ce
soir. On comprendra que je veuille être frais et dispos pour
jouir en paix de ce sport. Avant le déjeuner, je me livre à la
recherche des coléoptères et des crustacés d'eau douce. Deux
des taxidermistes indigènes m'aident dans cette tâche. Étant
musulmans, ils ont refusé de dépouiller et de préparer la peau
du sanglier abattu par Déprimoz. A midi les autres musulmans, et parmi eux plusieurs des soldats de l'escorte, viennent
se plaindre au colonel. Ils rapportent que les saïs (gardiens
de chevaux) affectent de les tourner en dérision et viennent
tout exprès manger du sanglier sous leurs yeux. Trouvant
injustifiée cette réclamation et surtout la forme qu'elle a
prise, le colonel se fâche et menace de punir le sous-officier
qui s'est chargé de réclamer au nom de ses camarades. Surpris et douchés, craignant que le colonel ne leur tienne

MON CONVOI MILITAIRE QUITTANT JUBBULPORE

TROUPE DE BATTEURS GONDS

GROUPE DE MES PRÉPARATEURS INDIGÈNES

CHASSEUR NATIF, DISSIMULÉ PAR SON BOUCLIER DE BRANCHAGES

rigueur de ce commencement de mutinerie, les hommes se confondent alors en excuses et l'incident est aplani.

Vers le soir, courte partie de chasse. Déprimoz réussit un magnifique tiré et abat à 200 mètres un « axis », au moment où ce cervidé allait disparaître à toute vitesse dans les hautes herbes, mais malgré la promesse du shikari nous ne levons aucun tigre.

Nouvel ennui avec les musulmans. Ils ne veulent à aucun prix se servir des couteaux avec lesquels fut préparé le sanglier. Renonçant à convaincre ces fanatiques, je leur fais distribuer des scalpels neufs.

14 février. — Partis dès l'aube, avec Jean nous explorons toute la jungle qui s'étend à l'est du campement. Nous cherchons des « sambhurs », mais nous ne rencontrons que des femelles de cette espèce. Un « axis » mâle passe à portée de nos fusils. Nous le voyons trop tard. Cette partie de jungle est de toute beauté. Quelques-unes de ses clairières rappellent la forêt de Marly.

L'après-midi, nous allons en tonga à 3 milles de distance, dans la direction du sud. Je me livre à la chasse des oiseaux et je rencontre une harde de « blacks-bucks ».

15 février. — On m'a signalé, dans la direction où je me trouvais hier, l'existence d'un petit lac. Je repars en tonga. A mi-chemin, Jean me rejoint. Il est venu à cheval m'informer que le tigre a tué l'un des buffles placés la nuit dernière en guise d'appât. Il est urgent d'organiser une battue si nous voulons nous emparer du roi de la jungle, qui ne peut pas être bien loin. Je tourne bride aussitôt.

A 3 heures, tout est prêt. Installés dans nos peu confortables matchans, nous attendons que le grand félin passe à portée de nos fusils. Les rabatteurs en découvrent deux au lieu d'un, mais les fauves se glissent dans un bois de bambous dont l'épaisseur est telle que nous devons renoncer à l'espoir de les découvrir.

Les pièges disposés la veille n'ont pas donné de résultats. Pour nous dédommager, nous organisons, dans la nuit, à la lueur de lampes à acétylène, une grande chasse aux insectes.

16 février. — Les fauves de cette contrée ne manquent pas d'aplomb. A son réveil, le colonel R... relève autour de sa tente de magnifiques traces de léopard. Ce fait lui remet en mémoire un incident nocturne auquel, sur le moment, il n'avait pas fait attention. Vers une heure du matin, une sorte de raclement contre la toile de sa tente l'avait réveillé en sursaut. Quelle n'est pas notre surprise, en examinant attentivement le sol, de découvrir les mêmes traces autour de chacune de nos habitations portatives! Déprimoz l'a même échappé belle. La porte de sa tente est restée ouverte cette nuit, et il avait à ses côtés « Mandla », le jeune chien sauvage, dont la présence en cet endroit aurait pu tenter le félin. La panthère, paraît-il, cultive un goût prononcé pour la chair de l'ami de l'homme.

C'est la journée des émotions. Le sous-officier indigène vient nous apprendre que deux des mules du convoi demeurent introuvables. Les fauves les ont-ils enlevées? L'absence de traces de lutte nous fait supposer que ces mules ont brisé leurs attaches, en sentant le félin.

Les pièges ne nous ont pas donné plus de résultats qu'hier. Une bande de vautours a, seule, été attirée par les appâts et trois y ont été pris.

A midi, nous tenons conseil. Les shikaris prétendent avoir entendu le cri du tigre. Nous tenterons donc un affût.

A la tombée du jour, nous quittons le campement, nous rendant à l'endroit où l'on nous a préparé un vaste matchan d'un mètre sur 0 m. 50, construit à l'aide de branches entre-croisées à mi-hauteur d'un arbre qui domine de haut l'espace raviné où le fauve a traîné le buffle. Ils ont attaché, bien en vue, un autre petit bœuf vivant. Si la lune nous est propice, nous possédons quelques chances de pouvoir tirer le félin.

Installés sur notre matchan, nous gardons le silence. Nous avons devant nous plusieurs heures d'obscurité; la lune paraîtra un peu après minuit. Notre montre marque 7 heures. Vers 11 heures, l'appât fait preuve d'inquiétude. Ses sabots raclent le sol dur; il tire sur sa corde, souffle et cherche à se libérer. Les pas d'un animal de forte taille font soudain craquer les bambous. A en juger par la direction du bruit, l'animal décrit un cercle autour de notre perchoir. Trouvant le cadavre du premier buffle à demi dévoré, il se met en devoir de faire un repas solitaire. Le craquement de ses mâchoires monte très distinct dans la nuit. Impossible de voir. La ténèbre est opaque. Les heures passent lentement. La lune s'est levée, mais un gros fourré de bambous nous rend l'animal invisible. Est-ce un tigre? Est-ce une panthère? Est-ce plus simplement une hyène rayée qui, sentant l'odeur du cadavre, a jugé qu'un festin commode lui était offert en ce lieu? Le buffle vivant s'est couché. Son attitude de calme écarte l'hypothèse de la présence d'un félin. Vers une heure et demie, le visiteur s'éloigne une première fois. Ensuite il revient vers le corps, puis le bruit de ses pas décroît et se perd dans la nuit. Rien ne trouble plus le silence. L'odeur poivrée des hautes herbes, révélatrice de la jungle, pique fortement l'odorat. L'engourdissement nous saisit. Notre matchan étroit a l'inconvénient d'être dur. Nous n'osons pas bouger, de peur de tomber dans le vide. Lentement, les heures s'écoulent. Une antilope à quatre cornes lance à plusieurs reprises son appel rauque et discordant. Des paons, dans les fourrés, font entendre leur cri étrange. Le jour se lève enfin et nous descendons du matchan, comme nos hommes viennent nous chercher. Nous partons vers le campement et rencontrons en route l'un de nos shikaris. Il nous apprend que le tigre a mis à mal un autre buffle placé non loin de là. Chargé de sa lourde proie, le fauve n'a pas dû aller loin. Nous essayons de le suivre à la piste; mais aucun de nos hommes n'accepte de prendre la traque. Le danger est trop grand. Du reste, le terrain, trop sec, ne se prête pas à la recherche des traces du félin.

Au camp, j'apprends que nos deux mules viennent d'être ramenées. On les a retrouvées à 20 milles du campement.

17 février. — Battue fructueuse en petites espèces; seul notre dangereux et incommode voisin ne veut toujours pas se montrer et doit connaître des repaires que les yeux les plus exercés n'arrivent pas à découvrir.

18 février. — Nouvelles battues. Nous ne rencontrons que des paons, des coqs de jungle, quelques singes et de nombreux oiseaux de petite taille.

Le tigre a encore fait des siennes au cours de la nuit. Après avoir tué un cheval, le fauve l'a traîné dans la partie de la forêt où se déroule notre chasse. Quelques-uns de mes hommes ont entendu les cris du félin. Au moment où la battue va prendre fin, j'ai une émotion. Nous sommes juchés, Sher Khann et moi, sur les branches basses d'un arbre, à moins de 2 mètres du sol. Un léger bruit se fait entendre dans les herbes et une forme grise rampe dans notre direction. Prenant une touffe de poils blancs, ou ce qui me paraît tel, pour la moustache d'un léopard, je tire au jugé. Les cris perçants de ma victime m'apprennent mon erreur. Je viens de blesser mortellement un jeune sanglier. L'arrière-train fracassé, il se traîne de buisson en buisson.

19 février. — Afin de nous consoler de nos insuccès au sujet des tigres, dont nous n'avons pas encore eu la chance de tuer un seul spécimen, un chasseur indigène, très au fait des habitudes du roi de la jungle, nous affirme que nous aurions tort de nous laisser aller au découragement. Il faut quelquefois de nombreuses battues consécutives pour dépister le fauve et l'amener à portée de fusil. A son avis, nous devons nous trouver en présence de plusieurs tigres. Il nous décide à tenter une nouvelle battue. A 5 milles du campement, trois ou quatre fauves ont révélé leur présence dans une région montagneuse à souhait et propice à leurs ébats. Nous nous y rendons par un chemin très pittoresque. Les forêts que nous traversons contiennent de superbes saraïs, dont le bois très dur se prête à de nombreux usages. Ces forêts ne sont cependant pas exploitées. Par place, les bambous sont tellement touffus que les massifs qu'ils forment interceptent le jour. Nous relevons de nombreuses traces de grand gibier. La faune générale paraît aussi riche en mammifères qu'en oiseaux. Les fourrés sont pleins de ces derniers. Des papillons aux couleurs chatoyantes volent de fleurs en fleurs. Celles-ci ont un parfum étrange, jamais rencontré jusqu'ici, et leur forme dépasse en extravagance tout ce qu'on peut imaginer. Quel terrain d'étude pour un naturaliste!

Au milieu d'une vaste clairière, à l'ombre d'un banian dont le tronc, à sa base, mesure au moins 15 mètres de tour, nos hommes et leur chef, partis bien avant nous, nous attendent. Le shikari nous désigne nos postes et la battue commence. Les félins manquent au rendez-vous. Mais j'ai la chance d'abattre un beau « sambhur » d'une balle bien placée, et de nombreux oiseaux.

J'avoue mon découragement à chasser le tigre. Nous avons fait depuis plusieurs jours tout ce qu'humainement il est possible de faire. Le résultat demeure négatif. Si les essais que nous allons tenter au cours des journées qui vont suivre ne sont pas plus féconds en résultats, nous délaisserons les battues et nous utiliserons nos grands pièges à fauves, moyen moins élégant, mais peut-être plus indiqué.

Au cours de la battue, j'ai pu remarquer que les cerfs marchent en troupe comme les antilopes. Leur formation est identique. En tête s'avance un vieux mâle, (s'il s'agit d'une famille sans chef, la mère remplace le mâle); les jeunes cerfs suivent immédiatement le chef de file, puis viennent les femelles; un cerf adulte ferme la marche. Lorsque ces animaux traversent des clairières, des terrains sans herbage et où le danger est plus grand, avant d'aborder l'espace nu qui s'étend devant la troupe, le chef de file s'avance seul, observe les environs, puis, rassuré par le silence, traverse à grande allure, suivi du reste de la bande, ce coin de terrain sans abri. Dans les troupes nombreuses, les vieux mâles restent d'ordinaire en arrière, afin de protéger la retraite. Quand ils sont aux aguets, ces animaux présentent un aspect invariable : oreilles tournées en avant et leur courte queue verticale.

CHAPITRE II

20 février. — Départ de Motinala. Il y a deux jours, nous
avons envoyé quelques-uns de nos hommes à Majgaon, où
nous avons l'intention de séjourner.

Nous allons à travers de magnifiques forêts, où dominent
les saraïs. Quelques-uns de ces arbres, de taille respectable,
sont abattus et gisent sur les bords du chemin. Nous en profitons pour faire du steeple. Au sortir des bois, une vaste
plaine s'ouvre devant nous. La forêt recommence ensuite et
nous atteignons, après quelques heures de marche, notre
nouveau campement. Nos hommes l'ont installé, avec beaucoup de soin, au milieu d'une vaste clairière sur les bords
d'un cours d'eau. Pour ne pas en perdre l'habitude, les indigènes nous apprennent qu'ils ont entendu le tigre cette nuit.

La chaleur un peu tombée, je suis les bords du cours d'eau
et je me livre à la chasse aux insectes. La récolte est particulièrement abondante. Je capture également un bon nombre
de crevettes d'eau douce. Les souhaits de mon maître et
ami, le professeur Bouvier, du Muséum, seront en partie
exaucés. J'ai reçu en effet, dans le courant de la matinée,
une lettre de ce savant par laquelle il me demande de recueillir
pour lui le plus grand nombre possible de crustacés.

21 février. — Quitté le camp à 8 heures, en compagnie de
Simon. J'ai l'intention de chasser l'antilope dans la plaine qui

s'étend depuis la lisière de la forêt jusqu'aux montagnes dont la chaîne boisée barre vers le nord l'horizon.

Après avoir traversé une rivière et un bois de peu d'importance, nous levons une forte harde de « cervicapras ». Nous les tirons sans succès. Nous chassons alors dans des directions différentes et nous nous retrouvons vers 11 heures du matin. Mon taxidermiste m'apprend qu'il vient de blesser un « black-buck » mâle. Au même moment, la bête passe devant nous au galop. Je lance ma jument à sa poursuite. Bien reposée, ma monture file à toute allure et j'ai la joie de constater que je gagne sur le gibier. Une rivière peu large s'interpose entre nous. J'enlève ma jument, qui franchit l'obstacle sans effort, et la poursuite continue. Je gagne du terrain et prévois la minute où la bête blessée devra renoncer à la fuite, quand, soudain, le sol, crevassé par la sécheresse, s'entr'ouvre sous les pieds de ma bête. Cette dernière culbute et me projette en avant avec violence. Le contact avec le sol est plutôt dur. Je me secoue et me mets debout. Je n'ai rien de cassé; mais un côté de mon visage a raboté le terrain. Écorchures et bosses, c'est moins de mal, en somme, que je ne pouvais l'espérer. Ma monture est indemne. Je me remets en selle; mais le « black-buck » blessé, profitant de la circonstance, a gagné la forêt et je dois perdre l'espoir de le retrouver.

Contusionné et meurtri, je passe l'après-midi sous ma tente. Jean et Simon retournent sur le lieu de la chasse qui a failli si mal tourner pour moi. Ils rapportent le soir deux antilopes « cervicapras ». Déprimoz est tombé, lui aussi, dans une crevasse. En raison de la petite taille de son cheval, ils ont été quittes, l'un et l'autre, pour une légère secousse nerveuse.

22 février. — Dans la nuit nous sommes éveillés par les cris d'un chacal qui vient de se prendre à un piège placé près de nos tentes, et qui, à cause de ses hurlements, nous oblige à nous lever pour le prendre.

Nous allions nous remettre au lit, quand une hyène rayée se prend à son tour. Pour empêcher sa fuite et mettre fin à ses gémissements, nous décidons d'aller la retirer également du piège. Nous ne savions pas encore, du reste, s'il s'agissait bien d'une hyène. Éclairés par les lanternes que portent nos hommes, nous nous dirigeons vers le point de la forêt d'où viennent les clameurs. L'animal paraît de grande taille. Ses yeux phosphorescents brillent dans les ténèbres. Au bruit de nos pas, le captif a brisé la branche d'arbre qui retient le piège et fait de violents efforts pour l'entraîner, mais, ne pouvant y parvenir, il fait tête avec courage et nous fixe en grondant. Nous avançons avec prudence. Le premier de nos hommes, qui aperçoit les rayures du pelage, s'écrie soudain qu'il s'agit d'un tigre. A ce nom redouté, tout le monde s'arrête. Les moins courageux se défilent; les porteurs de lanternes prennent leur course vers le camp et nous demeurons seuls, Simon, Jean et moi, au milieu de l'obscurité. La bête prise au piège se débat violemment. Nous relevons le mieux possible son emplacement, puis Déprimoz et Simon, dont la vue est perçante, déchargent leur arme au jugé. Après quelques minutes d'expectative, voyant que plus rien ne bouge, nous nous approchons. De tout près, j'achève l'animal et nous constatons, avec un peu de dépit, qu'il s'agit d'une hyène, un animal superbe, mais dont la prise au piège offre un bien petit intérêt.

Pendant la nuit, deux chacals ont le même sort. Nous les délivrons à l'aurore et les mettons en cage.

23 février. — Départ pour la chasse avec le colonel. Il est assez vite lassé et je continue seul. Beaucoup de « bara-singhas » *(Cervus duvauceli)* sur ma route. Comme les règlements de chasse interdisent de les tirer, je m'abstiens et je rentre au camp. Après le déjeuner, malaise général, dû à je ne sais trop quelle cause. Je prescris le repos. Vers le soir, nous allons tous mieux. Un orage d'une extrême violence s'abat sur la région. Les toiles de nos tentes sont secouées avec fureur.

24 février. — Réveillé par la détonation d'une arme à feu, je bondis hors de ma couchette. Jean Déprimoz vient de tirer un superbe « nilghaut » mâle qu'il a surpris à la lisière du bois. Je l'accompagne dans sa tournée aux pièges et l'aide à mettre en cage un joli petit chacal que j'ai l'intention de garder vivant.

Dans le courant de la matinée, chasse aux oiseaux. J'ai le plaisir d'abattre un « diver » ou « anningha ». En raison de la température très chaude et du temps orageux, nous préparons immédiatement tous les spécimens capturés.

Nos taxidermistes sont sur les dents. Ils ne peuvent guère se faire aider par les indigènes, dont la paresse naturelle est désespérante. J'écris donc au directeur du Muséum de Calcutta et lui demande de bien vouloir me procurer deux préparateurs supplémentaires, très au fait du métier et sur lesquels je puisse compter entièrement.

25 février. — Chasse aux oiseaux. J'abats un « ibis » de toute beauté, un pigeon d'une espèce assez rare et plusieurs spécimens de plus ou moins grande valeur. L'autopsie de l'ibis me révèle des particularités curieuses et nouvelles sur les mœurs de cet oiseau.

A 4 heures, je chasse avec Simon dans les parages d'un étang. Nous y découvrons un couple de grues antigones. Une balle brise la patte du mâle, mais ne l'empêche pas de disparaître, suivi de sa femelle.

26 février. — Les « gaurs » qui habitaient en nombre cette région ont été décimés, il y a peu de temps, par une violente épidémie de « rinder-pest ». Afin de favoriser le repeuplement de ces forêts, le gouvernement a donc décidé d'interdire la chasse de cette espèce. Nous nous contentons de noter leur présence et de tirer des « sambhurs » pour compléter notre série. Au petit jour nous en surprenons une harde et blessons plusieurs individus, malheureusement sans pouvoir les retrouver. En revanche, nous abattons un « nilghaut » qui complète le groupe que nous devions former. Comme nous manquons de viande comestible, cette venaison est bien accueillie de nos cuisiniers, à notre arrivée au camp.

27 février. — Battues diverses, résultat très moyen. J'abats un magnifique faucon gris-blanc dans les parages du cours d'eau. Je tire aussi un superbe « chital » *(Cervus axis)* mâle. Au cours de la chasse, nos rabatteurs ont levé trois ours *(Melursus ursinus)*. Le colonel R... tirant à la même minute un « sambhur », les fauves ont flairé le danger et, forçant la ligne des rabatteurs, ont pris une autre direction.

28 février. — Nous organisons une nouvelle battue sur les conseils de mon premier taxidermiste et de mon shikari qui nous donnent toutes les précisions voulues sur l'emplacement probable d'une harde de « barashinghas », dont un des mâles est magnifique. Jean a la chance de l'abattre du premier coup, en même temps qu'une femelle « sambhur », que de loin il a prise pour un mâle. Sa déconvenue nous amuse.

1ᵉʳ mars. — Au réveil, j'ai un peu de fièvre. Je laisse donc partir Jean et Simon, que je devais accompagner, et je prends un peu de repos. A 8 heures, ma fatigue s'étant un peu dissipée, je chasse dans les environs du camp, mais rentre les mains vides. Jean et Simon me rejoignent peu après; ils n'ont pas été plus heureux.

En relevant les pièges, nous capturons un nouveau chacal. Un de ceux que nous voulions conserver vivants refuse toute nourriture et paraît sérieusement déprimé. J'ordonne de l'abattre et de préparer sa dépouille.

2 mars. — Départ de Majgaon. — De bonne heure nous parvenons à Motinala et nous pouvons nous livrer à une fructueuse chasse aux oiseaux dans les environs du camp.

3 mars. — Le colonel est trop parcimonieux envers les hommes que nous employons. La solde qu'il leur accorde est insuffisante. Aussi ne trouvons-nous pas les aides taxidermistes dont nous avons besoin.

4 mars. — Le différend entre le colonel et ses hommes est aplani. Ceux qui se sont offerts comme taxidermistes sont beaucoup plus des écorcheurs que des préparateurs au courant du métier. En les surveillant, nous arrivons cependant à un résultat.

Vers 10 heures, nous partons pour Jangli.

Nous cheminons tantôt en forêt, tantôt dans la plaine où j'ai dernièrement chassé les « blacks-bucks ». Les pluies récentes ont transformé l'aspect du sol. La jungle dans laquelle nous entrons bientôt contient des arbres dont l'espèce ne diffère pas sensiblement de celle de Motinala. Vers midi, nous traversons une petite plaine encadrée de collines basses. Le village indigène de Jangli est tout près.

Je fais dresser les tentes au bord d'une mare riche en insectes d'eau et en carabiques. De grands arbres fleuris, qui attirent une multitude d'oiseaux, étendent leurs frondaisons au-dessus du camp. Parmi ces oiseaux, je remarque de fort jolies variétés qui manquent à ma collection.

Après le déjeuner, recherche des insectes dans la mare. Celle-ci contient un nombre incalculable de sangsues.

Le camp ayant besoin de viande fraîche, j'envoie Jean faire le coup de feu. Il rapporte un joli « black-buck ».

5 mars. — Toute la matinée, travaux scientifiques. A midi et demi, nous quittons le camp pour la forêt ; au cours de la chasse, nous apercevons un troupeau d'antilopes cervicapras et nous tentons de l'approcher. A bonne portée, nous déchargeons nos armes et avons la chance d'abattre deux magnifiques mâles. Jean et moi continuons ensuite nos recherches. Simon rapporte pour sa part le produit de sa chasse de l'après-midi comprenant notamment un « black-buck » de belle taille.

6 mars. — En raison du nombre appréciable de spécimens divers récoltés dans la journée d'hier, tout le monde emploie sa matinée à leur préparation. Je pars seul avec mon premier préparateur afin d'essayer de joindre une harde de cerfs barashinghas, dont nous n'avons encore qu'un sujet ; mais en dépit de notre patience et des précautions que nous prenons, nous ne parvenons pas à approcher ce gibier.

L'après-midi, battue aux gros ruminants. La jungle se prête admirablement à cette chasse. Nous tirons des sangliers, plusieurs « sambhurs » et « barashinghas ».

Au cours de la battue, j'ai l'occasion d'admirer le vol majestueux d'une troupe de paons ; je parviens à en blesser un, que nous capturons.

7 mars. — Les tentes pliées et chargées, la caravane se met en route. Je pars à cheval en compagnie de Simon et nous laissons le convoi prendre les devants. Le chemin est en excellent état ; le paysage gagne en pittoresque à mesure que nous approchons des collines boisées. Nous entrons du reste sur le territoire du rajah de Kawarda, où nous aurons toute liberté de chasser et d'abattre les espèces les plus diverses, grâce à l'amabilité de ce prince, qui nous a donné carte blanche sur ses États.

La jungle paraît plus riche en essences que celle des régions que nous venons de visiter. Les arbres majestueux y abondent. Leurs branches fleuries exhalent des parfums d'un exotisme agréable et particulier.

Nous rejoignons les nôtres à Rajadhar. Le camp est établi au bord d'une rivière aux eaux limpides, qui nous fournira un breuvage supérieur, à tous les points de vue, à celui des mares rencontrées ces temps derniers sur notre chemin. Autour du camp, le paysage est d'une sauvage grandeur.

A 5 heures, le ciel se couvre. Un orage violent, pluie et grêle mêlées, s'abat sur nos tentes, qui ployent.

8 mars. — Recherche des insectes. J'ai pris au fauchoir, au bord de la rivière, un agrilus d'une espèce intéressante qui vit sur les plantes aquatiques.

A 4 heures, chasse aux « nilghaut » (*Boselaphus trago camelus*). Je blesse un superbe spécimen ; mais la bête blessée réussit à gagner le large et disparaît au milieu de la végétation impénétrable. A la lisière de la forêt, nous tirons des « chitals » (*Axis maculata*) et des « sambhurs » (*Cervus Rusa aristotelis*), mais de loin et sans résultat. La nuit nous surprend en pleine jungle. Grâce au clair de lune, nous retrouvons le campement sans trop de diffficulté.

En notre absence, Jean Déprimoz a relevé les traces d'un félin. A titre d'essai, nous plaçons de petits buffles comme appât ; les chiens du village donnent de la voix au cours de la soirée. Aurions-nous enfin plus de chance pour le tigre?

9 mars. — Je pars à la recherche d'un barashingha (*Cervus duvauceli*), dont il manque encore un spécimen à notre collection; Jean m'accompagne. Nous cheminons longtemps à travers le terrain montueux et accidenté, sans rencontrer notre gibier. Nous relevons cependant des pistes de bisons, à peu de distance du camp, ainsi que des traces fraîches de léopard. Au cas où le fauve repasserait dans ce lieu, nous décidons d'y placer un piège. Les aboiements que nous avons entendus cette nuit étaient dus, sans doute, au voisinage du félin.

L'après-midi, chasse aux oiseaux le long de la rivière. Jean abat un « sambhur » d'une grande beauté et dont les cornes mesurent près d'un mètre. La voiture qui ramène le cerf est victime d'un accident. Plusieurs des hommes qui l'accompagnent sont blessés. Je leur donne des soins immédiats, car les blessures les plus légères s'aggravent très vite chez les indigènes, lorsque l'antisepsie la plus rigoureuse n'est pas mise en œuvre dès le début.

10 mars. — Le village indigène voisin vient d'être dévoré par les flammes. La plupart des cases, construites en bambou très sec, offraient un aliment facile à l'incendie. Avant que nous ayons pu aider les habitants et prendre les premières mesures pour enrayer le fléau, le feu avait accompli son œuvre de destruction. Les pertes sont purement matérielles. On ne signale aucun blessé.

L'après-midi, nous recevons la visite de Mrs et Mr Craven. L'honorable Mr Craven dirige dans la région d'importantes coupes de bois. Il fait surtout des affaires avec les compagnies de chemin de fer, auxquelles il fournit les traverses que l'on place entre les rails. Très aimablement Mrs Craven veut bien me dire qu'elle tient à ma disposition un jeune couple de « sambhurs » vivants. Je la remercie avec effusion et je prends congé de mes hôtes, auxquels le colonel R... voudra bien faire les honneurs du camp.

Je vais à cheval retrouver mes shikaris, qui m'ont précédé sur le lieu de nos recherches. En pleine forêt, dans une étroite clairière, une superbe antilope traverse devant moi, à portée de fusil. Je ne puis résister à la tentation de l'abattre. Du reste, cette bête porte des cornes admirables ; j'épaule et je fais feu. Au coup de carabine, « un barashingha » débouche d'un fourré voisin et disparaît à toute allure sans me donner le temps de le tirer. Nous ne rencontrons plus ensuite de gros gibier et je rentre au camp sans autre pièce importante.

11 mars. — A 5 heures et demie du matin, je retourne, accompagné de Jean, à l'endroit où la veille j'ai été mis en défaut par le « barashingha ». Le jour est à peine venu. Plusieurs hardes de cerfs passent devant nous. Les cornes des mâles sont médiocres et nous leur faisons grâce de la vie. Après une longue attente, nous apercevons enfin l'animal rêvé. Jean le tire, car de l'endroit où je me trouve je le vois fort mal. La balle manque de peu son but et fait voler la terre d'un petit monticule élevé par les termites. Le « barashingha » disparaît avec la rapidité de l'éclair.

Tout à coup, nous prêtons l'oreille. Les hurlements d'une bande de chiens sauvages parviennent jusqu'à nous. On dirait même qu'ils se rapprochent. Ces animaux seraient-ils en chasse ? Bien que nous ignorions totalement le danger qui peut en résulter pour nous, nous décidons de profiter de la circonstance pour nous emparer, s'il est possible, de quelque spécimen de ces fort curieux animaux.

Au même instant, du reste, l'un d'eux apparaît à la lisière de

HUTTE DE FAKIR DANS LA JUNGLE

FAKIR DES PROVINCES CENTRALES

VILLAGE NATIF DANS LES PROVINCES CENTRALES

RIVIÈRE PRÈS DE RADJAHDAR

la forêt, inspecte l'horizon, puis n'ayant rien aperçu d'anormal,
pousse un cri et s'élance. Il s'agit d'une mère. Immédiatement suivie de son petit, elle s'éloigne dans la direction de la
jungle qui nous fait face. Le gros de la troupe est assez loin
en arrière. Les hurlements se font de plus en plus distincts,
et nous nous préparons à faire feu. Une seconde femelle et
deux petits débouchent à leur tour. J'abats la mère au premier coup. Je m'élance ensuite pour saisir les petits ; mais,
malgré leur jeunesse, les chiots sont plus lestes que moi. Je
renonce à les poursuivre et je reviens vers la mère. Quelle
n'est pas ma surprise en constatant que cette bête, légèrement blessée sans doute, a également disparu.

Nous reprenons ensuite le chemin du camp. En cours de
route, nous relevons de nombreuses traces de « gaurs ». Le
shikari me dit que ce sont vraisemblablement ces « gaurs »
qui faisaient l'objet de la poursuite des chiens sauvages. Un
peu avant d'arriver, j'abats un sanglier.

A 5 heures du soir, battue dans les mêmes parages. Nous
n'avons l'occasion d'abattre que quelques oiseaux.

12 mars. — A 5 heures, nous nous mettons en selle et
nous nous dirigeons vers la clairière où nous avons relevé
des traces de « gaurs ». Le jour n'est pas encore levé. Nous
longeons les parois des rares cases indigènes respectées par
l'incendie. D'énormes feux brûlent dans la pénombre et un
tam-tam sonore provoque notre surprise. L'un des shikaris
nous apprend que nous sommes au premier jour du prin-
temps hindou, grand jour de fête pour toute l'Inde brahmanique. La nuit qui précède ce jour est ordinairement consacrée à une orgie véritable. Ici, l'on a dansé jusqu'au matin
et l'on brûle maintenant en effigie la déesse Parvâti (déesse
de l'amour). Demain, les femmes indigènes, munies de petits
sacs remplis de poudre rouge, feront leur choix parmi les

hommes. Lançant au visage de l'élu, en signe de désir, une pincée de cette poudre, elles se donneront à lui sans que personne, mari, frère ou parent, ait le droit de s'y opposer. Pendant toute une journée, l'adultère sera permis, revanche inéluctable des épouses trompées ou des amoureux que la vie et ses contingences cruelles ont pu séparer autrefois.

Les danses continuent. A la lueur tremblotante des feux de joie, nous contemplons le tableau pittoresque des hommes accroupis à l'orientale autour de l'énorme brasier. Très excités par les heures de veille et les libations, ils tourmentent furieusement leur tambour indigène, accompagnant les chanteurs qui gesticulent et débitent, pour la plus grande joie de l'auditoire, sur un rythme lent et monotone, les choses les plus immorales qu'il soit permis d'imaginer.

Nous reprenons notre marche, nous retournant parfois sur notre selle pour apercevoir encore, autour des feux, les ombres mobiles. Le bruit des chants se perd bientôt derrière nous.

Au petit jour, nous avons retrouvé la piste des « gaurs » ; mais ces animaux restent invisibles. Nous ne nous entêtons pas à les chercher et nous nous dirigeons vers le nouveau camp. Celui-ci vient d'être installé à Chilpi, à 4 milles dans la direction du sud. Nous y arrivons à midi. Nos tentes ont été dressées à la lisière de la forêt, au bas d'un petit monticule d'où l'on domine le pays environnant. Je vais, avec le colonel R..., rendre visite à Mrs et Mr Craven et je fais connaissance avec les deux jolis « sambhurs » que Mrs Craven a eu l'amabilité de m'offrir.

13 mars. — Matinée de repos pour tout le monde. A une heure, nous organisons une battue aux ours sans résultat quant à ce gibier. Le soir, mon shikari abat une femelle de paon pour le dîner. Nous organisons, à la nuit, une chasse nocturne aux insectes, à l'aide de nos lampes spéciales, et en faisons une importante récolte.

14 mars. — Chasse au bison. J'aurais, je l'avoue, préféré un autre genre d'affût que le « matchan », mais pour faire comme tout le monde, j'accepte de prendre place sur celui qui m'est désigné. La battue commence. Je me trouve à l'intersection de deux des passages éventuels. Au moment où les rabatteurs arrivent près de moi, deux coups de feu éclatent sur ma droite, bientôt suivis de deux autres. Je quitte mon « matchan » et je me précipite dans la direction d'où viennent les détonations. Il est entendu que nous ne devons tirer que le tigre ou le bison. A moins d'une erreur inconcevable, il s'agit donc de l'un ou l'autre animal. Je parcours environ 500 mètres. Deux nouveaux coups de feu éclatent, cette fois à ma gauche. Le colonel, qui est mon plus proche voisin, m'apprend qu'il vient de blesser un magnifique « gaur ». Je continue ma course à travers bois et je rejoins enfin Jean et Simon. Plus rapprochés du colonel que je n'étais moi-même, ils ont eu le plaisir d'achever la jolie bête, qui leur a tenu tête avec le plus grand courage.

Nous organisons ensuite le transport du bison à l'aide du chariot militaire attelé de quatre mules. A travers la jungle ravinée, le trajet s'effectue avec lenteur. Aidé par le colonel, je dirige tant bien que mal l'attelage et nous arrivons au camp en pleine nuit.

15 mars. — Journée de préparation. Notre tableau s'enrichit d'un faucon et d'un grand aigle blanc, tirés près du camp, au coucher du soleil.

16 mars. — Nous allons faire nos adieux à Mrs et Mr Craven. Le campement est en route depuis plusieurs heures et nous devons accélérer notre allure pour le rejoindre. De Chilpi à Supkhar, le paysage est fort joli. Le trajet comporte la traversée de collines extrêmement boisées, de clairières où se remarquent de grands arbres dont les fleurs rouges font les délices des souis-mangas. L'herbe, drue et épaisse, atteint parfois une assez grande hauteur.

Nous touchons Supkhar à 11 heures. La bourgade s'élève dans un bas-fond, sur les bords d'un cours d'eau, au centre d'un cadre de collines du plus charmant effet. Mr Craven possède là un bungalow forestier qu'il a bien voulu mettre à notre disposition. A peine arrivés, nous recevons la visite de son babou, qui nous apporte des légumes frais. Après le déjeuner, nous allons visiter nos jeunes « sambhurs ». Ils paraissent fatigués, en dépit du courage dont ils ont fait preuve pendant l'étape.

A l'entrée de la nuit, les cris distincts d'un tigre mettent tout le monde en émoi. Notre cœur de chasseur tressaille d'aise. Aurons-nous enfin la joie de nous mesurer avec lui?

17 mars. — Nous quittons le bungalow au petit jour et nous allons visiter les appâts placés hier au bord de la route, les feuilles sèches s'opposant à ce que nous le fissions dans la forêt.

Le premier buffle est intact. Il mâche paisiblement des poignées d'herbe qu'il arrache flegmatiquement devant lui. C'est bien cependant de ce côté que criait hier soir le tigre. Nous continuons notre chemin à la suite de notre guide quand, soudain, à un tournant, nous avons sous les yeux le spectacle le plus capable de nous émouvoir. Le corps du deuxième buffle est là, agité de soubresauts ; le roi de la jungle le tient sous ses griffes. D'un brusque mouvement, nous saisissons nos carabines que nous portions en bandoulière, mais le fauve est plus prompt que nous. D'un bond prodigieux, il franchit la route et disparaît dans les taillis. Nous sommes à la fois ravis et furieux ; ravis d'avoir pu contempler de près pendant une seconde le félin, furieux de la maladresse de notre guide qui ne nous avait pas prévenus de la proximité du deuxième appât.

De retour au camp, nous contons notre mésaventure au colonel R..., qui nous conseille de ne pas faire feu dans les environs du camp pour ne pas effaroucher le félin, qui peut revenir à l'appât à la nuit. La jungle de cette contrée n'est du reste pas propice à la traque, car en plus des feuilles sèches qui forment un tapis moelleux mais craquant, l'herbe drue et serrée qui envahit certains endroits cache des brindilles mortes qui se brisent bruyamment sous les pas, mettant le grand gibier en éveil. Si donc nous voulons chasser le tigre, il est prudent de ne pas circuler dans ce qui paraît être son couvert.

Je pars en compagnie de Jean et Simon, afin d'explorer les clairières lointaines et tirer, si possible, le beau spécimen de « barashingha » dont j'ai besoin pour la section d'ostéologie du Muséum. En cours de route, je tire un « chital » mâle dont les cornes sont de toute beauté. L'animal se dérobe à ma vue. Simon le croit touché. En dépit de nos recherches immédiates, nous ne parvenons pas à le joindre. Je laisse Simon se livrer à des investigations plus précises et je continue, avec Jean, à explorer la forêt. Vers midi, comme je viens de tirer sans succès un nouveau « barashingha », un « sambhur » de grande taille passe devant nous au galop. Nous nous glissons à sa suite, nous dissimulant d'arbre en arbre, ou à l'aide des termitières. Bientôt nous le perdons de vue. Il n'a cependant pas pu s'éloigner beaucoup. Nous redoublons d'attention et bien nous en prend. Déprimoz me fait soudain signe de regarder à droite. Tout près de nous, dans une excavation pleine d'eau bourbeuse, et que les hautes

herbes dissimulent de loin, le « sambhur » prend son bain !
Jean lui décoche une première balle. Traversé de part en
part, l'animal a encore la force de prendre le large. Je le
double ; nous nous précipitons et nous faisons feu à deux
reprises avant qu'il ne roule sur le sol, où nous le servons au
couteau.

A notre retour au bungalow, j'apprends du colonel que
l'un des soldats de l'escorte a entrevu sur la route le tigre
fuyard du matin. Nous faisons donc construire un matchan,
que le colonel et Simon doivent occuper cette nuit. La lune
se lèvera fort tard. Ne vaudrait-il pas mieux tendre un de nos
grands pièges auprès du buffle-appât ?

A l'entrée de la nuit, Simon et le colonel prennent l'affût.
Vers 9 heures du soir, un coup de feu éclate dans la direction
du matchan.

18 mars. — A 5 heures et demie, nous allons chercher les
veilleurs. Si le tigre a été blessé, nous relèverons ses traces
et nous ferons en sorte de l'achever dans son repaire. Nous
apprenons du colonel et de Simon qu'ils ont bien entendu le
fauve que ce dernier a tiré au jugé, mais sans l'apercevoir
suffisamment pour être sûr de son coup.

Le félin n'est pas revenu à l'appât. Eux, en revanche, sont
gelés. Afin d'éviter que le fauve flairât leur présence, ils
n'ont pas osé faire le léger bruit qui consiste à dépouiller de
leur enveloppe en papier des provisions de bouche. Aussi
ont-ils beaucoup souffert de la fraîcheur de l'aube.

Au cours de la journée, nous recevons la visite d'un cavalier envoyé par M. Craven. Il vient chercher des médicaments pour une jeune fille, hôtesse de l'honorable gentle-
man, et qui est tombée subitement malade. Je lui remets
tout ce qui me paraît susceptible d'être employé avec succès
et je le charge de transmettre à M. Craven, avec mes bons

souvenirs, nos vœux de prompt et complet rétablissement pour la jeune fille.

Le messager reparti, on m'amène un homme du pays qui m'apprend que le tigre lui a tué un buffle femelle, à environ 5 ou 6 milles du camp. Nous sautons en selle, Jean et moi, et nous nous dirigeons vers le lieu indiqué, suivis par une tonga qui porte nos grands pièges. Nous prenons d'abord la route de Chilpi, puis nous nous élevons sur le flanc des collines qui barrent l'horizon du côté de Supkhar. Du haut d'un col étroit, nous jouissons d'une vue étendue sur la jungle environnante. Sur l'autre versant, c'est encore la forêt, mais une forêt si belle, que l'on s'oublierait à la contempler. Tantôt encaissée entre des coteaux aux pentes raides, tantôt s'élargissant pour former de vastes clairières, la vallée que nous dominons offre le panorama le plus enchanteur. La forêt se continue sans interruption de chaque côté du chemin. Des bambous aux tiges gigantesques, des arbres dont les plus ordinaires disparaissent sous des lianes fleuries aux parfums capiteux, composent une végétation d'une exubérance telle, qu'il faudrait le pinceau d'un peintre de génie pour en détailler la splendeur. Les clairières ont aussi leur charme. Des hautes herbes qui ondulent comme une mer, montent çà et là des palmiers, dont la teinte d'un vert foncé fait ressortir merveilleusement l'or éclatant des graminées.

A 4 heures, après avoir traversé un cours d'eau, nous longeons les cases des indigènes qui nous ont envoyé chercher. Les restes du buffle qui a été enlevé par le félin se trouvent dans les environs. Une centaine de vautours sont en train de se gorger de viande fraîche. Ce fait nous donne peu d'espoir dans le retour du fauve. Le roi de la jungle se sert le premier. Il ne touche jamais aux appâts goûtés par les autres.

Nous plaçons nos pièges sans grand espoir, puis nous

rentrons au bungalow. Le soleil se couche dans un décor prestigieux et ses ultimes rayons colorent les nuages auxquels ils donnent les teintes les plus diverses. Nous sommes à Supkhar à la nuit. Il pleut à partir de 9 heures.

19 mars. — Dès l'aube, visite des appâts. Le shikari prétend que le tigre a crié hier soir dans la partie de la forêt où sont attachés nos jeunes bœufs. Pourtant ces derniers sont indemnes. Je laisse Jean poursuivre des « barashinghas », dont nous venons de voir un individu mâle, et je pars visiter avec Simon les pièges placés dans la montagne. Un temps de galop et nous atteignons notre but. Le soleil émerge d'une couche de nuages qui, faisant écran, avaient retardé sa venue. Nous retrouvons nos pièges intacts. Seul un malheureux corbeau, victime de sa curiosité, s'est fait prendre à l'un des plus faibles.

20 mars. — Nous quittons Supkhar à 8 heures. Nous allons vers Garhit. Pendant que la caravane prend les devants, je vais chasser les oiseaux au bord de la rivière. Je suivais depuis un moment l'une des rives, lorsque fouillant la berge opposée à l'aide de mes jumelles, j'aperçois un petit crocodile, d'environ 1 m. 50 de long, allongé sur un banc de sable ; j'épaule aussitôt ma carabine, mais tel un ressort brusquement détendu, le saurien s'élance dans l'eau où il disparaît tout entier avant que j'aie eu le temps de presser la gâchette.

Jean a plus de chance que moi ; il réussit à abattre, dans les environs immédiats du bungalow, un paon qui servira au repas du soir. Nous quittons ensuite définitivement la jungle de Supkhar et traversons de vastes plaines coupées de bois et limitées au nord par une ligne de collines nues. Bientôt nous dépassons le hameau de Topla. La grande route de Supkhar

UN SAMBHUR (CERVUS UNICOLOR)

ROUTE DANS LA JUNGLE AUX ENVIRONS DE SUPKHAR (C. P.)

GAUR ABATTU A CHILPI

CERF BLANC

nous mène alors au bungalow construit, pour les ingénieurs des eaux et forêts, au milieu d'une plaine désertique.

MUKI, *21 mars*. — Au départ de Garhit, nous retraversons la plaine, puis entrons en forêt. Celle-ci devient de plus en plus sauvage. Elle est en majeure partie composée de bambous. La route descend alors, par une série de lacets, vers une plaine recouverte de forêts de saraïs. Nous avons encore 3 milles à faire, après quoi nous atteignons le campement, installé auprès d'un pittoresque bungalow forestier que décorent des lauriers-roses en fleurs. Cinquante mètres plus bas, une rivière roule ses eaux limpides entre des berges boisées qui tantôt descendent brusquement vers le lit du fleuve, tantôt forment au contraire de petites plages de sable fin où de minuscules paillettes d'or brillent au soleil tropical. Sur ces bancs de sable, j'ai la joie de capturer un certain nombre de cicindèles intéressantes.

Après le déjeuner, nous explorons les clairières voisines qui nous fournissent un bon nombre de spécimens ornithologiques, et Simon a même le plaisir d'abattre un vieux sanglier. Au retour, nous admirons les méandres gracieux formés par les petits cours d'eau qui arrosent la jungle. Des milliers de lucioles, petites étoiles vivantes, brillent dans les buissons.

22 mars. — Nous chassons le gros gibier, de clairière en clairière. Nous rencontrons quelques « blacks-bucks » et un petit chevrotin, que Simon manque. Dans un taillis, nous avons la chance d'observer un superbe toucan. De la taille d'un corbeau, il a les ailes et le dos noirs, le ventre blanc. Jaune à la mandibule supérieure, son bec est surmonté d'une protubérance sombre (casque réservoir d'air) formant une pointe en arrière.

Au bord du fleuve je suis rejoint par Jean et l'un des taxidermistes indigènes. Ils ont fait bonne chasse. Jean a abattu un petit-duc beige de toute beauté et un grand nombre d'autres oiseaux.

L'après-midi, battues. Au cours de la première, Jean abat un énorme sanglier et un chevrotin Muntjac femelle. Pendant la seconde, j'aperçois un oiseau qu'il m'est impossible de tirer. Il ressemble au drongo que l'on trouve communément sur les vaches, et dont la queue est en forme de lyre. Toutefois, au lieu de présenter les deux grandes plumes rectrices normales de cet oiseau, celui que je viens de voir offre à l'examen deux plumes rétrécies sur toute leur longueur, et qui ne s'élargissent que vers le bout. Le plumage paraît noir, avec un reflet métallique.

23 mars. — Journée de fatigue. Hier, l'un de nos aides taxidermistes, en désaccord avec le colonel, a quitté brusquement le camp. Je dois donc mettre la main à la pâte et aider mes hommes dans le travail de préparation, comme dans les moments de presse.

. Quand tout est fini, je mets les bagages en route. Le campement nons précède à Kapa, à environ 10 milles dans la direction de l'ouest. Je reste à chasser au bord du cours d'eau, en compagnie de Simon et de Jean. Nous avons la chance de capturer quelques raretés. A 11 heures et demie nous nous acheminons vers Kapa. Entre Garhit et cette localité, l'aspect du paysage ne présente rien de marquant. Les eaux de la Banjar-River donnent cependant à la jungle une surprenante vigueur.

. A Kapa les tentes ont été dressées à l'ombre d'un énorme banian et sous des abris préparés pour la caravane de lord Islington, qui a chassé dans ces parages dix jours plus tôt.

Le directeur des eaux et forêts habite le bungalow. Il m'invite à déjeuner et m'apprend qu'il met ses éléphants et son personnel à ma disposition. A la tombée du jour, je vais, en compagnie de ce haut fonctionnaire, chasser au bord du cours d'eau.

24 mars. — Le jour est à peine levé et des piétinements sourds ébranlent le sol devant ma tente. Un éléphant est là, caparaçonné en chasse. Son cornac (ou mahout), juché sur le cou de l'animal, attend que je sois prêt. Son attitude respire la déférence. Au lieu du houda qui sert à chasser le tigre, et qui rehausse de plus d'un mètre la taille déjà suffisante de l'animal, on a disposé sur le dos de l'éléphant une sorte de natte, d'un confort relatif, mais qui possède l'avantage de moins effrayer le gibier. Simon et moi grimpons sur le dos du pachyderme, qui, à un commandement du cornac, s'est agenouillé lourdement. Précédé de deux indigènes qui doivent lui servir de guide, l'éléphant se dirige ensuite vers la forêt. La nouveauté de la situation nous égaie. Pourtant, quelles secousses! Chaque pas de notre énorme monture nous rejette à droite ou à gauche. Nos shikaris, pour lui tenir pied, font presque du pas gymnastique. Au moment où nous pénétrons sous le couvert, le soleil inonde de sa clarté chaude le paysage merveilleux.

Sous l'impulsion de son cornac, l'éléphant se glisse entre les arbres. C'est merveille de constater avec quelle souplesse, quelle légèreté, une masse aussi imposante peut poser ses pieds sur le sol sans que craquent les feuilles sèches dont le terrain est recouvert.

Tout à coup, sans raison apparente — du moins pour nous, profanes, — l'éléphant demeure en arrêt. Le cornac pointe son crochet (*ancus*) dans la direction d'une clairière et nous apercevons une harde de cerfs. Au moment où l'un d'eux, un superbe mâle, passe devant nous au galop, je fais feu et j'ai la satisfaction de le voir s'abattre après quelques foulées.

A la vue de l'animal se débattant à terre, l'éléphant s'age-
nouille aussitôt pour nous permettre de descendre. Jean finit
la bête au couteau, puis nos shikaris recouvrent le corps à
l'aide de branches afin de le dérober à la vue des oiseaux de
proie, et la chasse continue. Une bande de sangliers s'offre
à nos regards. J'abats l'un des plus gros de la bande; mais il
trouve la force de se relever et de prendre la fuite, rougissant
l'herbe de son sang. La poursuite nous entraînerait sans
doute trop loin; aussi abandonnons-nous l'animal.

L'éléphant s'est mis en devoir de descendre la berge
escarpée qui domine le fleuve. Il y parvient sans peine et je
doute qu'aucun cheval accepte de passer par le même chemin. Notre surprise, je l'avoue, se change en stupéfaction.
Après avoir escaladé le bord opposé, le pachyderme entre
dans les hautes herbes. Simon abat un « chital » mâle, qui
nous examinait avec défiance, à 150 mètres. Un peu plus loin,
je manque un « barashingha », qui me surprend près d'un
bouquet d'arbres, n'ayant pas le temps de faire feu une
deuxième fois avant qu'il disparaisse.

25 mars. — M. Betchey veut me fournir l'occasion de tirer
un « sambhur » blanc, véritable rareté, car les albinos sont
presque introuvables dans les pays tropicaux. Une grande
battue est donc organisée. Pour nous rendre sur le terrain
de la chasse, nous faisons le trajet partie à cheval, partie à
dos d'éléphant. L'intelligence du pachyderme nous est un
perpétuel sujet d'émerveillement. Sur l'ordre de son mahout,
la lourde bête brise les branches ou abat les arbres qui risqueraient d'incommoder les voyageurs. Que l'un de ceux-ci
laisse tomber un objet, l'éléphant le ramasse et le fait passer
par le cornac. Notre monture a même prévu qu'elle souffrirait
de la chaleur; elle a fait provision de liquide, ce qui lui
permet de s'asperger de temps à autre, à l'aide de sa trompe.

Au cours de la battue, l'un de nous tire un « chital » sans résultat. La pièce rare s'offre enfin à nous. Un sambhur blanc de toute beauté traverse un espace découvert à quelques mètres de notre groupe. Jean et Simon le tirent ensemble. La balle du premier blesse grièvement l'animal. Celle du second le touche au bon endroit et met un terme à ses souffrances. Nous abattons ensuite un sanglier, que Jean achève au moment où il passe devant lui.

26 mars. — De bonne heure je vais saluer M. Betchey, qui part pour Nagpur, où l'appellent de nouvelles fonctions. Je le remercie pour la belle partie de chasse qu'il nous a procurée et je le fais conduire en tonga jusqu'à Baihar. Je chasse ensuite le cerf, à dos d'éléphant. Au cours de la matinée, mon pachyderme doit escalader une pente raide. Afin de ne pas perdre l'équilibre, l'animal se met à genoux, puis, se soulevant avec prudence, met l'un de ses pieds dans l'empreinte laissée par son genou. Certes, j'avais entendu vanter l'instinct supérieur de ces bêtes, mais je n'aurais pas cru, si l'occasion ne m'avait été offerte de le vérifier par moi-même, que cet instinct pût s'élever à la hauteur d'une intelligence aussi subtile. Après cela, je comprends que les personnes qui habitent l'Inde aient voué une affection particulière à l'intéressant animal.

27 mars. — Nous tentons une dernière expédition contre les « barashinghas ». Afin de réunir le maximum de chances, nous nous partageons la forêt et nous chassons dans des directions différentes. Le colonel R... rencontre seul un individu de cette espèce, mais il le tire de trop loin et le manque.

Après le déjeuner, nous chassons d'un autre côté. Nos rabatteurs ne sont pas en nombre et le gibier en profite pour forcer le cercle. Découragés, nous changeons d'objectif et prenons l'affût près d'un des buffles que nous avions placés comme appâts et qu'une panthère vient de tuer. Malheureusement le félin ne revient pas vers sa proie et nous rentrons au camp sans avoir eu la moindre émotion.

28 mars. — Laissant à Jean et au colonel le soin de tenter une nouvelle chasse à la traque contre les « barashinghas », dont nous désirons absolument posséder un exemplaire femelle pour compléter le groupe que nous devons former, je pars avec Simon à dos d'éléphant explorer une partie lointaine de la forêt qui doit certainement recéler cette espèce de cerfs.

Après une longue marche sous bois, nous atteignons le but de notre course. Notre guide ne nous avait pas trompés en nous décrivant les bois où nous pénétrons, et dont la grandiose beauté dépasse les plus beaux sites que nous ayons traversés.

Confiants dans le flair de notre éléphant de chasse, nous nous enfonçons à travers la forêt, qui se fait de plus en plus épaisse au fur et à mesure que nous avançons. Bientôt notre monture prend le vent d'une harde et s'en approche avec précaution. Après quelques instants de marche, le cri caractéristique des cerfs se fait entendre non loin de là. Sortant d'un hallier, nous apercevons tout à coup une harde de ces animaux arrêtée au bord de la clairière où nous allions pénétrer. Cinquante mètres à peine nous séparent de ces jolies bêtes qui regardent avec une curiosité craintive notre énorme monture qui s'est immobilisée à la vue du gibier. Ayant affaire à une troupe de « sambhurs », nous poursuivons notre randonnée sans inquiéter autrement ces animaux. A deux reprises nous levons ensuite de nouvelles hardes, la première d'« axis », la seconde de « sambhurs ».

Vers midi nous cassons la croûte au bord d'un ruisselet

qui nous permet de rafraîchir notre boisson, pendant que, dans un bruit formidable de mâchoires, notre éléphant déguste avec une satisfaction évidente de jeunes pousses de bambous.

Nous prenons ensuite le chemin du retour et avons enfin la chance de tirer une biche de « barashingha » en bordure d'une rivière que nous remontons ensuite. Nons avancions ainsi depuis quelques instants dans une eau assez profonde, quand tout à coup notre bête donne des signes de frayeur et refuse d'avancer. Le crochet du mahout parvient seul à lui faire poursuivre sa marche, mais bientôt l'animal s'arrête à nouveau et nous comprenons ce qui a motivé l'insoumission de l'intelligent pachyderme en le voyant s'enfoncer peu à peu; nous sommes sur des sables mouvants. Sentant le sol lui manquer et pris de peur, le puissant animal fait des efforts désordonnés pour s'arracher à l'enlisement et atteindre le bord, où il ne parvient qu'avec peine.

Cramponnés au houdah de chasse, d'où nous manquons d'être jetés bas à chacun de ses mouvements violents, nous pouvons enfin reprendre souffle. Nous venons, paraît-il, de l'échapper belle, à ce que dit le mahout, car dans des cas semblables on a vu parfois l'éléphant pris de terreur arracher tout ce qu'il a sur le dos pour le précipiter sous lui, croyant ainsi prendre pied sur une base plus solide.

Cette émotion dissipée, nous reprenons la direction du camp, où nous arrivons à la nuit. Nos compagnons n'ont pas même aperçu de « barashingha »; mais en revanche Jean a rapporté un bon nombre d'oiseaux fort intéressants. Nous apprenons également que la panthère est revenue à l'appât, mais en évitant tous nos pièges.

29 mars. — Chasse à dos d'éléphant. Les cerfs « barashinghas » demeurent introuvables. De Lamtha, on nous signale la présence de deux tigres.

30 mars. — Le campement est parti ce matin pour Chitai-longri. Accompagné de Jean et de Simon, je vais à Baihar, où l'on doit me montrer de jeunes panthères et un chien sauvage que j'ai l'intention d'acheter.

Baihar est située au pied d'un K'obje, au milieu de la jungle. Nous entrons dans le village en traversant le bazar ou quartier indigène. Comme tous ses pareils, il se compose de huttes recouvertes de chaume et clôturées par des claies de bambou fortement tressé. Ce qui le distingue, c'est la propreté relative : le chemin que nous suivons est soigneuse-ment balayé. La partie européenne, ou administrative, de ce village renferme une caserne de police, une poste, un dack-bungalow, enfin quelques habitations privées, qu'ombragent de superbes banians *(ficus religiosa)*.

Un indigène, qui d'ailleurs parle suffisamment l'anglais, me donne l'adresse du propriétaire des animaux. Les deux jolies panthères ont de quatre à cinq mois. Leur propriétaire en demande 50 francs. Quant au chien sauvage, âgé de quatre mois, son prix est de 18 Rs. Celui qui a qualité pour passer le contrat est absent. Je quitte donc Baihar, me réser-vant de traiter cette affaire par correspondance.

Nous suivons la route jusqu'à Chitailongri où le camp est installé dans la plaine, près du bungalow.

31 mars. — Nous quittons le bungalow à 9 heures pour Paraswara. Cette localité est à environ 11 milles de Lam-tha. Le paysage n'est plus le même. Au lieu des hautes forêts de saraïs, la jungle se compose de bambous aux pousses vert tendre et de tecks au feuillage printanier. Les villages que nous traversons comptent de nombreux bana-niers. Les rues sont propres, comme à Baihar.

Au sortir de la forêt, nous nous engageons sur un terrain plat et aride, où se remarquent des vestiges de rizières. Ces

BUNGALOW (APRÈS SUPKHAR)

CLOITRE DE PIRTHI DANS L'ENCEINTE DU KUTAB

DELHI : JAMA MASJID

DELHI : LE FORT L'ENCLOS DES PALAIS

dernières doivent enrichir la contrée, à la saison des pluies. Au pied de gros banians, des Indous pieux ont élevé de minuscules autels en l'honneur de Bouddha, sans doute afin que l'arbre qui inspira leur dieu leur insuffle à son tour un peu de divine sagesse. Le long de la route nous apercevons à chaque instant des linghams sacrés (emblèmes sivaïques) que des banderoles blanches désignent à l'attention des fidèles. On reconnaît, à ces divers signes, que ce pays contient beaucoup plus de fanatiques, ou, pour employer un mot plus général, de serviteurs zélés de la religion, que ceux que nous venons de traverser, probablement en raison même de la concurrence qui existe entre ces deux croyances.

. Le campement est installé auprès du bungalow de Paraswara, dans les parages d'une superbe pièce d'eau.

1er avril. — Chasse matinale sur les bords de la pièce d'eau. Je surprends un gros oiseau, qui, de loin, ressemble à un marabout. Je brûle inutilement quatre cartouches. L'oiseau s'élève dans les airs à la manière d'un grand rapace, c'est-à-dire en décrivant de larges cercles. Découragé, je pars, avec Jean et Simon, dans la direction de Lamtha. Après avoir parcouru à bonne allure une douzaine de milles, nous entrons dans la plaine où est bâtie la ville. Des collines curieusement découpées lui forment un cadre lointain et une jungle épaisse recouvre le sol. Le bungalow où nous mettons pied à terre est d'une grande propreté. Le fonctionnaire anglais qui l'occupe nous abandonne la moitié du logis et nous offre, très aimablement, un panier de beaux fruits pour notre dessert.

2 avril. — A 7 heures, nous nous embarquons à la gare de Lamtha. Après les longues randonnées à cheval, nous utilisons avec joie ce mode de locomotion. Le train nous déposera à Charegaon, contrée riche en grands fauves, et nous tenterons, pour la dernière fois, de tirer le roi de la jungle.

A 8 heures, nous sommes rendus. Le « rapide » a mis une heure pour franchir les 7 milles qui séparent Charegaon de Lamtha. Des forestiers indigènes, que nous avons fait prévenir, ont préparé la battue. Comme ils ne disposent que de trente-sept rabatteurs, nous partons sans enthousiasme et avec la presque certitude d'un insuccès. Des « sagra », sorte de petit char monté sur deux roues basses, et tiré chacun par deux zébus trotteurs, nous conduisent, non sans violentes secousses, sur le lieu de nos exploits. La forêt est presque uniquement composée de bambous et de tecks. Les premiers sont d'une vigueur remarquable. Ils portent leurs nouvelles feuilles, ce qui contribue à modifier l'aspect du paysage, à le rendre plus captivant.

Le chaleur est accablante en raison de la moindre altitude de ces lieux. Nous faisons faire trois battues. En guise de tigre, nous devons nous contenter de tirer un... marabout, un coq de jungle, un coucou et un jeune renard, ce dernier abattu par Jean.

Nous reprenons le train à Charegaon, à 7 heures et demie du soir. Nous avons pris place dans un convoi de marchandises et nous faisons le trajet jusqu'à Lamtha, avec un ingénieur des chemins de fer. Très aimablement, il met son wagon à notre disposition et veut bien me promettre de me procurer des gazelles de Bennett par l'intermédiaire de l'un des chefs de gare de la ligne.

3 avril. — Départ du camp à une heure matinale. Je me rends, avec Jean, sur les bords d'un marais où nous devons chasser les canards. A un moment donné, je retourne avec les mains un arbre mort, afin de voir s'il n'abrite pas des coléoptères, lorsqu'un serpent s'en échappe. Je le tue d'un coup de crosse. Je me baisse ensuite pour m'emparer d'un carabique, mais une violente poussée m'envoie rouler à plusieurs mètres. Je me relève, furieux, et je demande à mon saïs (homme d'écurie) s'il n'a pas perdu l'esprit. Cet homme me montre alors un deuxième reptile enroulé à quelques centimètres de l'endroit où allait se poser ma main. Ce serpent est d'une espèce particulièrement venimeuse, et je puis dire que je viens de l'échapper belle.

A 11 heures, retour au camp. L'après-midi j'ai une nouvelle émotion, mais d'un genre différent. Je poursuivais un héron et je suivais la berge d'un ruisselet recouvert de hauts bambous, lorsque je perçus, à deux ou trois mètres, un long bruit de feuilles froissées. Je me retournai vivement et scrutai le sol. Ne découvrant rien d'anormal, je me remis à la poursuite de mon gibier. Dix pas plus loin, le même bruissement léger frappe de nouveau mon oreille. Je glisse alors deux cartouches à balle dans le magasin de mon fusil, et marche dans la direction d'où vient le bruit. J'aperçois à cet instant une ombre grise qui s'éloigne en bondissant et qui disparaît au milieu d'un amas de roches d'où s'élève un vol de corbeaux. Je commence à me demander avec sérieux si je suis le chasseur ou le chassé. J'explore prudemment l'excavation où s'est engouffrée la forme grise, mais je n'y découvre que les restes d'un animal dévoré par un fauve. Un essaim de mouches voltige dans le clair-obscur. La nuit tombe et je dois suspendre mes recherches. Je rejoins mon porteur de fusil resté en sentinelle au bord de l'étang d'où j'étais parti à la poursuite du héron, et nous regagnons le bungalow.

4 avril. — A 2 heures de l'après-midi nous faisons nos adieux aux conducteurs militaires du convoi. Notre séjour dans les Provinces centrales est terminé. La deuxième partie de notre programme commence et nous allons nous occuper des préparatifs de l'exploration dans l'Himalaya. A 10 heures du soir, nous arrivons à Jubbulpore et nous nous faisons conduire à l'hôtel Jakson.

CHAPITRE III

8 avril. — Les journées qui ont suivi notre arrivée à Jubbulpore ont été consacrées à l'emballage et au classement de nos collections. Cette opération se termine. Je me propose de demander aux Pères de la Mission catholique de vouloir bien me faire confectionner les caisses indispensables. Je les prierai également de se charger de l'envoi des colis au Muséum, après notre départ.

8 avril. — Je pars de bonne heure avec Déprimoz et l'un de nos taxidermistes indigènes. Le but de notre excursion est à l'ouest de la ville; nous devons visiter un lac qui est, paraît-il, le rendez-vous d'une nuée de palmipèdes et d'oiseaux de toutes sortes. On nous y conduit en tonga. Avant de quitter la ville, nous traversons le principal bazar, ouvert derrière une porte monumentale. La couleur locale de ce quartier aux échoppes pittoresques, devant lesquelles se presse la foule, ne manque pas de nous intéresser. La route que suit notre véhicule s'élargit du reste bientôt; elle est ombragée par de magnifiques arbres dont le feuillage luxuriant recouvre la chaussée et les innombrables boutiques qui sont installées sur ses bords.

Notre tonga nous dépose bientôt au bord de l'étang. De la

berge nous apercevons des nuées de palmipèdes. Les herbes aquatiques envahissent la majeure partie des eaux, et des hydrofaisans marchent à grandes enjambées sur les larges feuilles des lotus. Avisant des barques indigènes creusées dans de simples troncs d'arbres, nous en faisons chercher les propriétaires et, quelques instants plus tard, ceux-ci nous conduisent à travers la pièce d'eau où nous abattons un grand nombre d'oiseaux intéressants.

9 avril. — De bonne heure, je me rends à la Mission catholique où j'ai le plaisir de retrouver plusieurs Pères dont j'avais fait la connaissance lors de notre premier séjour à Jubbulpore. Je suis donc très aimablement accueilli par le R. P. Sage, qui veut bien se mettre à ma disposition et donner des ordres pour la confection rapide de mes caisses, qu'il se charge d'expédier lui-même à leur adresse.

Rassuré sur ce point, je me dirige vers un faubourg de la ville où se trouve une succursale de la banque C... Elle occupe une maison d'aspect misérable, dont le seul étage, un rez-de-chaussée surélevé de deux marches, est précédé par une véranda. Derrière cette véranda s'ouvrent deux portes tapissées de papier à images, représentant des divinités indoues. Elles donnent accès à deux petites pièces d'aspect répugnant et d'une saleté sordide. C'est là le logis du banquier; l'obscurité générale ne me permet pas de distinguer son ameublement. Un babou me reçoit, cependant qu'un autre, assis sur ses talons, cherche dans des livres éparpillés sur le parquet la justification de ma lettre de crédit. Satisfait de son examen, il ouvre une vieille malle d'où il sort la somme nécessaire. Pendant ces diverses opérations, des oiseaux vont et viennent, frôlant de leurs ailes légères les cloisons de l'appartement. Un couple construit même son nid dans le haut d'une vieille horloge à poids, en bois vermoulu. Tout ce petit monde ailé paraît à son aise et ne s'effarouche pas des allées et venues des étrangers.

Vers 5 heures, la chaleur tombe un peu et nous retournons à l'étang.

10 avril. — Chasse matinale sur un autre étang, au nord de Jubbulpore. Jean abat un beau héron pourpre, puis un jeune « black-buck », que nous avons surpris non loin de là. Nous poursuivons ensuite un couple de grues, mais nous ne parvenons pas à les approcher suffisamment pour pouvoir les tirer.

Notre après-midi est consacrée à la vérification de nos divers spécimens, dont nous préparons l'emballage. Dans le courant de la soirée, je reçois un courrier. Il m'apprend que nous ne sommes pas autorisés à entrer sur le territoire du Népal, mais qu'en revanche l'Himalaya, à l'ouest de ce pays, nous est ouvert.

En conséquence, nous décidons de partir pour le haut Punjab, d'où nous effectuerons l'exploration de la fameuse chaîne, dans la direction du Thibet. J'écris à la hâte à notre consul général, pour l'aviser de notre détermination et le prier d'intercéder en notre faveur auprès des autorités des pays que nous allons traverser, afin qu'elles nous fournissent les animaux ou les coolies nécessaires au transport de notre volumineux matériel.

11 avril. — A 8 heures et demie, nous prenons le train, Jean et moi, pour Daori. Située à vingt minutes d'ici en chemin de fer, cette localité est renommée pour la richesse ornithologique de ses étangs. Nous y surprenons, sur les bords d'un marais, une troupe de plus de cinquante marabouts.

Nous poursuivons pendant quelque temps deux grues anti-gones, et nous passons le reste de la journée à chasser les petits palmipèdes. Nous en ramenons une fort jolie collection.

12 avril. — Les caisses nous ont été livrées à la première heure. Aussi nous mettons-nous à emballer définitivement nos collections et faisons-nous nos préparatifs de départ.

13 avril. — Après avoir salué les Pères de la Mission catholique, nousp renons, à 8 heures et demie du matin, le train pour Allahabad. La région que nous traversons est plate et monotone. Seules, de temps à autre, quelques collines barrent la plaine. La forme curieuse de leur sommet, qui représente une espèce de plan horizontal, semble les placer au même niveau et donne au paysage un aspect très particulier. Un peu avant d'arriver à Allahabad, les collines disparaissent ; la plaine s'étend à l'infini. Nous traversons la rivière Jumna. Ses bords entièrement dénudés la font paraître plus large qu'elle n'est. De charmantes jonques, recouvertes d'un toit de chaume, voguent çà et là sur les eaux. La plupart se dirigent vers l'aval, où cette rivière se jette dans le Gange à quelques milles d'ici.

A Allahabad, changement de train. Nous continuons notre voyage vers Delhi, à travers des campagnes coupées de profondes rizières actuellement desséchées. Pendant la nuit, nous traversons Cawnpore, et au matin nous nous réveillons dans la plaine de Delhi. L'aspect général, les cisals, les agaves et la présence de nombreux paons mis à part, rappelle vaguement les paysages du sud de la France.

A 7 heures et demie du matin, le rapide entre en gare de Delhi. Nous devons descendre, car le train qui nous permettra de continuer notre route ne quittera la nouvelle capitale de l'Inde que vers le soir. Nous nous rendons au

DELHI : LE FORT. DIWAN-I-AM

DELHI : LE FORT. PORTE DE LA JUSTICE

PLAINE DE DELHI : FIROZABAD

MOSQUÉE DANS LA PLAINE DE DELHI

« refreshment-room » où, en déjeunant, nous arrêtons le programme de notre visite.

Comme nous sortons de la gare, un auto-place dépose devant nous ses voyageurs. Je hèle le chauffeur et je lui explique ce que nous attendons de lui. Nous montons et le véhicule se dirige vers la forteresse où se trouvent les anciens palais des empereurs mogols. Nous traversons les principales avenues de la ville, où de beaux magasins européens s'offrent aux regards et nous entrons dans le quartier indigène. Les rues sont tellement étroites que notre conducteur doit faire des prodiges d'adresse pour réussir à passer entre les échoppes multicolores qu'encombre de plus en plus la foule des indigènes. Notre voiture débouche enfin sur la large place où s'élève la forteresse de Shah Jehan.

Vue du point où nous nous trouvons, cette citadelle ne manque pas de grandeur, avec ses hautes murailles de grès rouge ornées de bandes en relief et de créneaux ouvragés. Quatre portes monumentales s'ouvrent au centre de chacune des quatre faces. Notre véhicule s'arrête devant l'une d'elles et nous pénétrons à l'intérieur du bâtiment par une poterne que garde un poste de soldats anglais. Nous débouchons à l'intérieur dans une vaste enceinte encombrée de baraquements militaires et occupée par un poste important de T. S. F. Un guide se met à notre tête et nous entraîne vers un petit parc où s'élèvent les fameux palais.

Notre visite commence par le Divan-i-Am, splendide pavillon persan de grès rouge, ouvert sur trois côtés. Sa toiture élégante repose sur des séries de colonnes formant arcades à l'intérieur. Dans le fond de cette magnifique salle, une loggia de marbre blanc ajouré, haute de deux mètres, se détache sur un mur artistement décoré. C'est là que se tenait le Shah, lors des réceptions populaires. Nous y avons accès par un petit escalier dérobé et nous contenons avec peine notre admiration devant les incrustations de pierres précieuses qui ornent toute cette partie de l'édifice, où elles forment des mosaïques d'un dessin exquis.

Notre guide nous conduit ensuite au musée qui occupe l'une des salles de l'ancien palais. Une partie du bâtiment a été rasée par les obus lors de la prise de la ville. Il y a de belles collections d'armes, de portraits, de costumes de l'époque mogole.

En sortant du musée, nous traversons plusieurs pavillons de marbre blanc, aux parois souvent ajourées et qui dominent la campagne environnante de toute la hauteur des murailles du fort. La décoration des appartements royaux, d'un luxe inimaginable, frappe vivement le regard. Ce n'est que sculptures et incrustations d'or fin et de gemmes. Au centre de toutes ces merveilles, la porte de la Justice mérite que l'on s'y arrête. Le mot : porte n'est du reste que la traduction littérale du mot indou : Dharwaza, et désigne un écran obstruant le couloir central qui traverse cette suite de pavillons et au milieu duquel a été creusé un petit canal, dans le but de maintenir une température fraîche et égale dans cette partie du palais. La décoration de cette porte ou de cet écran, véritable dentelle de marbre de près de 20 centimètres d'épaisseur, est d'une exécution merveilleuse et d'un dessin exquis.

Notre guide nous montre encore deux pièces meublées à la persane et dont on a scrupuleusement choisi les objets parmi l'ameublement d'une authenticité indiscutable qui provient des rois mogols. La présence, dans l'une de ces pièces, du sabre incrusté de rubis et de la dague de jade du Shah Jehan ajoute sa note historique à l'ensemble et fait de cette reconstitution un spectacle documentaire d'un indéniable intérêt. Le Divan-i-Kass nous paraît dépasser en magnificence tout ce que nous venons de voir. Cette salle rappelle un peu, comme architecture, le Divan-i-Am ; mais, ici, tout est en marbre blanc, et les colonnes, de forme carrée, qui supportent la voûte, sont ornées d'incrustations d'une richesse incalculable. La pièce est également fermée sur son quatrième côté, mais par une dentelle de marbre dont la sculpture fouillée est un véritable tour de force. C'est dans ce pavillon que se trouvait le fameux trône dit des Paons, que les Perses enlevèrent aux empereurs de Delhi vers le milieu du dix-huitième siècle. D'après Tavernier, qui visita la ville avant cette époque, ce trône en or massif était l'œuvre d'un Français, nommé Austin, attaché comme orfèvre à la cour de Shah Jehan. D'après le récit du même voyageur, cette merveille des merveilles formait une sorte de siège dont le dossier, recouvert d'émaux, avait la forme d'une queue de paon. Un dais en or, bordé de longues franges de perles et reposant sur des balustres en or, couronnait ce pur joyau, évalué alors à 150 millions. On se fera une idée de la richesse de ce trône, lorsque nous aurons dit qu'un seul de ses attributs, un petit perroquet, grandeur naturelle, avait été taillé à même une gigantesque émeraude.

En sortant de cette salle, nous allons admirer les bains impériaux, dont les murs disparaissent sous les glaces et les incrustations de pierres précieuses. Cependant la décoration générale est moins riche. Nous pénétrons dans la mosquée aux Perles, sorte de chapelle de château, dont les sculptures murales sont fort belles, et nous sortons par la porte des Éléphants. Nous retrouvons là notre voiture, qui est venue nous attendre, et qui nous conduit au Maiden Hôtel, pour le déjeuner. Nous allons enfin visiter le vieux Delhi, aux ruines émouvantes. Contournant l'imposante Jammah Masjid, dont les minarets se découpent sur le bleu du ciel, notre auto traverse la grande esplanade et nous emporte, dans un tourbillon de poussière, vers l'antique Indrapechta, que nous atteignons à la sortie d'un faubourg. Un des faits les plus curieux de l'histoire de cette cité se rattache à une vieille légende, qui m'a été contée dans les termes suivants :

« Vers l'an 300 de notre ère, un noble brahme, qui disait venir de fort loin, demanda audience au roi Anang Pal, alors maître de la contrée. Celui-ci, ayant accepté de le recevoir, apprit du brahme que pour conserver sa puissance il devait faire fondre un pilier de fer gigantesque qui serait enfoncé dans le sol, afin de percer la tête du serpent qui, d'après l'histoire religieuse indoue, se trouve au centre de la terre. Au dire du saint homme, ce faire assurerait au roi une prépondérance absolue sur l'univers. Sur l'ordre du souverain un énorme clou fut forgé puis mis en place d'après les indications du brahme. Ce dernier se retira aussitôt après la cérémonie. Pris de doute et de curiosité, le roi, à quelque temps de là, fit retirer le pilier pour se rendre compte du résultat. Quel ne fut pas son émoi en remarquant que l'extrémité était tachée de sang. Le remords d'avoir manqué de confiance à l'égard du vieux prêtre le saisit aussitôt. Il donna l'ordre d'enfoncer de nouveau le pilier, mais en dépit des efforts de ses serviteurs, l'énorme clou ne put pas être enfoncé aussi avant; il demeura branlant à sa place primitive. Le brahme, informé de la chose, revint sur ces entrefaits; il alla trouver le roi incrédule et lui fit cette prédiction : « Grand roi, par « ton incrédulité tu as perdu la destinée des tiens, qui vont « périr, et, comme cette colonne branlante (en indou : *dilha*, « d'où est venu Delhi) ta capitale ne connaîtra plus de stabi- « lité. »

Depuis ce temps, comme pour donner raison aux paroles du fakir, la ville a été l'objet d'invasions et de destructions périodiques. Elle réussit parfois à atteindre à la prospérité, puis elle disparut, fut rasée par les conquérants, rebâtie sur un emplacement nouveau par ses maîtres.

Les restes de la cité de Feroz, devant lesquels nous a

laissés notre auto, s'éparpillent autour du palais de ce souverain afghan. Construit au début de l'an 1000, ce monument,
dont la forme curieuse attire de loin l'attention du voyageur,
semble composé de terrasses carrées superposées et dont la
longueur et la largeur diminuent à mesure que s'élève l'édifice. Ce dernier est soutenu par de puissantes arcades. Au
sommet se dresse un magnifique monolithe de pierre rougeâtre, de 12 mètres de haut, dont l'origine remonte aux
premières dynasties bouddhiques. Cette colonne, d'une
valeur archéologiques incalculable, était, paraît-il, recouverte
d'une épaisse couche d'or, au temps des splendeurs de la
capitale. Les hordes sauvages de Tamerlan firent disparaître
cet or, au quatorzième siècle, lorsqu'elles ravagèrent l'Asie,
détruisant tout sur leur passage.

Après avoir parcouru rapidement ces ruines, nous revenons à notre voiture. Nous l'arrêtons quelques minutes pour
admirer une délicieuse petite mosquée afghane, qui, avec les
vestiges d'un vaste portail sculpté et ceux d'une forteresse
bâtie sur la hauteur voisine, constitue tout ce qui reste d'une
autre Delhi, construite au début du quinzième siècle. En
quelques tours de roue nous atteignons le mausolée
d'Humayun, où reposent les plus célèbres des empereurs
mogols. Construit en grès rose et en marbre, ce joli monument est placé sur une large terrasse qui lui sert de piédestal.
Il est composé d'une nef centrale, recouverte par un dôme
du plus bel effet, et de quatre pavillons octogonaux décorés
avec art et surmontés de tchatris mogols. Ce mausolée a très
grand air. La décoration de son portail est merveilleuse et ses
fenêtres, masquées par des plaques de marbre ajouré, contribuent à en faire une œuvre artistique de tout premier
ordre.

La route de Kutab, que nous suivons maintenant, se
déroule à travers la plaine, entre de nombreux monuments.

Chacun d'eux mériterait une description : mais le temps nous fait défaut. Notre conducteur est un Indou catholique, qui a la prétention d'être un cicerone documenté. Il nous arrête une fois encore pour nous faire visiter le cimetière musulman où repose le fameux empereur Jehangir et la curieuse tombe de l'une des filles de Shah Jehan, nommée Jehanara, dont l'épitaphe nous laisse rêveur. Cette princesse musulmane ne demande-t-elle pas « que sa tombe ne soit point surmontée de monuments luxueux, auxquels elle préfère la simplicité ». Elle se proclame ensuite la très humble servante des disciples du Christ (1).

Ravi de la surprise peinte sur nos visages, notre guide nous engage à nous hâter vers la voiture. Quelques instants plus tard, nous sommes au pied de la formidable tour de Kutab. Sentinelle avancée de l'islamisme, ce gigantesque monument de 250 pieds de haut fut érigé pour perpétuer le souvenir des victoires du sultan Kutab-Oudïn sur les pays brahmaniques qu'il venait de conquérir. Commencé, dit-on, vers 1200, et terminé vingt années plus tard, cet édifice, dont la base a 14 mètres de diamètre et dont le sommet en a 3, est composé de cinq étages. Les trois premiers ont été construits en grès rouge ; les deux derniers le sont à peu près exclusivement en marbre blanc. Admirablement sculptée dans son ensemble, la Kutab Minar est certainement l'un des monuments les plus imposants de l'Inde. L'intérêt que l'on éprouve à la contempler s'augmente quand on examine les diverses constructions qui l'environnent. Parmi celles-ci nous visitons les ruines d'un petit cloître appartenant à la mosquée que Kutab Oudïn, en vrai croyant, fit élever au pied

---

(1) Plus tard, comme je rappelais devant l'un de nos excellents missionnaires la surprise que j'avais ressentie en visitant cette tombe, le Père m'apprit que cette fille du roi mogol devait probablement appartenir à la secte musulmane, encore aujourd'hui fort importante, qui place Notre-Seigneur Jésus-Christ bien au-dessus de Mahomet, le proclamant le premier des prophètes.

de la tour avec les matériaux des temples brahmaniques détruits par son ordre, donnant ainsi une éclatante preuve de leur déchéance. Ce monument présente donc un grand intérêt au point de vue de l'art païen de ces régions. Presque toutes les époques y sont représentées. C'est au centre de la cour, environnée d'arcades, que se dresse le fameux pilier dont j'ai parlé plus haut, et auquel la ville doit son nom. Enfouie dans le sol jusqu'à mi-longueur, cette colonne de fer, pleine et lisse, d'une seule pièce, mesure environ 40 centimètres de diamètre. Elle s'élève à 8 mètres au-dessus du sol et représente un travail dont la possibilité d'exécution nous échappe, surtout quand nous nous reportons à la date de sa fabrication, au quatrième siècle de notre ère.

Derrière ce témoin d'une antiquité fabuleuse, se dresse la façade de l'ancienne mosquée, percée de larges ogives merveilleusement travaillées. Nous admirons la porte d'Aladin, véritable bijou architectural, en grès rouge et en marbre blanc. La photographie que nous en avons prise en donne une idée très exacte.

Le crépuscule est déjà venu et nous sommes encore là, devant le tombeau de l'empereur Altamsh. La nuit tombe avec la rapidité habituelle aux pays tropicaux. Les ombres enveloppent le paysage et nous devons monter en voiture, traverser les faubourgs où la fumée âcre des foyers indigènes nous saisit à la gorge.

Cette journée a fui comme un songe. A peine rentrés à l'hôtel, nous devons courir vers la gare et quelques instants plus tard, nos dispositions prises pour la nuit, nous rêvions en silence aux sublimes vestiges d'une civilisation disparue. Bercés par la rumeur du train, nous évoquions encore la cité merveilleuse. Des phrases de légende passaient devant nos yeux qu'embue peu à peu le sommeil.

15 avril. — Le bruit désagréable du grincement des freins nous tire de notre repos. Nous entrons en gare à Kalka. C'est le point terminus de la ligne ; nous continuerons notre trajet dans la direction de Simla au moyen d'un funiculaire à voie étroite.

Il est 6 heures et demie. Le soleil, qui vient de se lever, n'a pas encore fait sentir la chaleur bienfaisante de ses rayons. La température est très froide. Nous revêtons nos larges manteaux et nous nous acheminons vers le Dack, situé à quelque distance, dans la direction du village indigène. La route serpente entre les habitations européennes de l'endroit et la plaine herbeuse que limite au nord une chaîne de montagnes couvertes de forêts.

Le pavillon que j'habiterai jusqu'à mon départ est suffisamment confortable. Il s'élève au fond d'un petit jardin. Plusieurs groupes de chameaux sont rassemblés dans l'enclos, et leurs conducteurs, accroupis autour d'un brasier à demi éteint, absorbent le peu de chaleur qui s'en dégage.

A notre approche, un grand diable de Punjabi, à la tête enturbannée de rose, et enveloppé d'une couverture sombre dont il n'ose pas se séparer, à cause de la bise, s'avance vers nous et nous demande qui nous sommes. Lorsque j'ai décliné ma qualité, il s'incline très bas et m'apprend qu'il est le chef d'une caravane campée ici par ordre du chef de district. Il doit me fournir des moyens de transport pour les premières étapes de mon voyage à travers l'Himalaya.

Pendant que mes compagnons s'occupent du rangement et de la répartition des bagages, je passe l'inspection des bêtes de somme, car je ne me soucie pas de confier les nombreuses caisses de la mission à des animaux malades ou déjà fatigués. Cette formalité n'est pas inutile. Certains des dromadaires portent de larges plaies dissimulées sous le bât. Leur cuir a été meurtri par de trop fortes charges réparties sans précaution. J'élimine plusieurs de ces animaux, dont les blessures ont été contaminées par les mouches. Remplies de vers, ce qui y maintient une inflammation permanente, ces plaies guériraient difficilement. Les indigènes, du reste, se contentent d'en retirer les larves, à l'aide de morceaux de bois trempés dans un mélange de pétrole, sans recourir à une médication plus active et plus efficace.

Vers le soir, tout est prêt. Comme il me manque un papier officiel indispensable, je décide d'aller le lendemain à Simla, afin de le demander à notre consul. Pendant ce temps, l'un de nous réglera les détails d'organisation pour la première étape.

17 avril. — Dès 6 heures je quitte avec Jean le bungalow et nous nous rendons à la gare. Le premier train pour Simla est sous pression. Il ne tarda pas à se mettre en route. Bien installés dans notre minuscule wagon, nous suivons, d'un œil intéressé, le détail du paysage qui défile de chaque côté du convoi.

Après un trajet de plusieurs milles au fond de la plaine, la voie s'élève très rapidement à travers les pentes boisées d'où nous découvrons le panorama des régions que nous venons de quitter. La vue s'étend jusqu'à l'horizon lointain. Tel un gigantesque plan en relief, toute cette partie du pays penjabi s'offre à nos regards. De capricieuses rivières aux rubans argentés y tracent leur cours, cent fois modifié par les con-treforts himalayens, dont les vallons encore obscurs marquent de taches sombres la plaine rutilante qui se déroule à l'infini.

Plus haut, le tableau change. Il nous rappelle des coins alpestres recouverts de mélèzes et d'araucarias qui s'accrochent aux pentes abruptes. Au pied de celles-ci mugissent des torrents dans un bondissement d'écumes. De minuscules villages apparaissent de temps à autre, piqués dans la verdure. Lès champs de céréales sont disséminés autour d'eux, en gradins.

Éloignées les unes des autres, les stations différentes offrent un intérêt pour le naturaliste. La flore de leurs jardins se modifie en effet suivant l'altitude. Notre convoi longe pendant quelques instants une véritable forêt de rhododendrons. Les larges fleurs d'un rouge vif brillent dans le feuillage et le contraste heureux est d'un pittoresque achevé. Quelques milles plus loin, notre train séjourne dans une gare précédant Simla. Bâtie sur les flancs très inclinés de la montagne, la capitale estivale de l'Inde s'aperçoit de là tout entière avec ses habitationséc helonnées, ses villas luxueuses et les boutiques indigènes de son bazar. Des clochers dominent l'ensemble et d'énormes bouquets de sapins jettent leur note sévère sur le fond clair et bariolé du paysage.

Après les formalités de la visite sanitaire, — le service médical de Simla exige des voyageurs l'attestation écrite qu'ils n'ont pas été atteints de maladies contagieuses depuis deux mois au moins, — le train se remet en marche et nous arrivons à Simla.

A la sortie de la gare, les conducteurs de véhicules, de nombreux et pittoresques rickshaws, se précipent sur nous et nous offrent leurs services. Au milieu de la cohue bruyante et empressée, nous choisissons deux voitures légères et nous nous dirigeons vers la ville. Nous y entrons par la rue principale. Celle-ci traverse le « Mall » et le quartier le plus commerçant du pays. Nous faisons quelques emplettes au passage. Nous traversons ensuite le pont qui réunit les deux parties de Simla et nous dévalons une pente au bas de laquelle se trouve la villa de notre consul. Un beau jardin l'entoure, d'où l'on domine la campagne environnante.

Justement le consul général est chez lui. Il me remet aussitôt les papiers qu'il a fait préparer par le gouvernement britannique et qui vont me permettre de mener à bien ma mission. Nous causons aimablement pendant quelques minutes et après l'avoir remercié nous prenons congé du distingué et accueillant représentant de notre pays.

De retour à la gare, nous avons tout juste le temps de sauter dans le dernier train qui se dirige vers Kalka. Nous y arrivons au milieu de la nuit, à cause d'un éboulement qui a obstrué la voie pendant la première partie du parcours.

CHAPITRE IV

18 avril. — Dès l'aube, branle-bas général. Les boys
courent de gauche et de droite, se jetant des ordres, s'invitant mutuellement à charger leurs bêtes, tandis que nous-
mêmes, très occupés par les derniers préparatifs, nous faisons
en sorte d'éviter un oubli.

En plus du personnel fourni par le chef de district, nous
aurons à notre service, pendant toute la durée de notre séjour
dans l'Himalaya, les indigènes suivants :

Sher Khan, chef taxidermiste indou, de religion mahométane, et qui fit déjà partie de la caravane des Provinces
centrales ;

Goordine, sous-chef taxidermiste, de religion brahmanique ;

Quatre préparateurs indigènes, originaires des Provinces
centrales ;

Scheik Housen, mahométan, originaire de Delhi, ancien
soldat actif et dévoué, qui nous servit de headman et de
maître d'hôtel ;

Deux cuisiniers originaires de Koulou ;

Deux boys de tente ;

Trois saïs (palefreniers), dont l'un, Chigrou, était d'une
grande bravoure ;

Trois frères, les Ibraïm, tireurs remarquables, caravaniers
propriétaires de chevaux, hommes très sérieux, faisant d'ordinaire le commerce (importation et exportation) des objets et

des denrées entre l'Inde et le Petit Thibet. Les deux femmes de l'aîné des frères Ibraïm font également partie du convoi;

Six saïs au service d'Ibraïm et trois guides. Tous ces hommes sont mahométans comme leur chef.

A 9 heures, tout étant prêt et les animaux révêtus de leur charge s'étant placés dans l'ordre prescrit, nous sautons en selle et nous prenons les devants, guidés par un métis nommé Hartey, qu'un ami m'a recommandé. Nous quittons Kalka par le nord-ouest et nous traversons la voie ferrée un peu au-dessus de l'importante station, dont l'aimable chef vient nous saluer, en nous souhaitant un heureux voyage.

Nous suivons une large vallée, dans la direction du nord. Le pays est extrêmement sec. Cependant de nombreuses agglomérations se succèdent sur notre route. Nous cheminons entre d'importantes plantations de coton et d'orge. Dans les champs, des femmes aux costumes multicolores récoltent les céréales, qui sont ensuite transportées dans les villages. Là les hommes disposent les gerbes sur le sol; des groupes de vaches, attachées les unes aux autres, ce qui les oblige à tourner dans le même sens autour du terrain préparé, piétinent alors les épis.

Un peu avant midi nous faisons halte auprès d'un torrent desséché. Après un léger repas, nous repartons à travers une contrée sauvage, recouverte de hautes herbes. La caravane s'étend au loin dans la plaine. La haute silhouette de nos dromadaires s'estompe à l'horizon. Certains de ces animaux ont été retardés par des incidents de route dus au mauvais arrimage des charges.

A 3 heures, après avoir traversé une nouvelle rivière à sec, nous apercevons le bungalow où nous devons nous arrêter. Nous gravissons une dernière colline et, sur sa crête, nous mettons pied à terre devant l'un des petits bâtiments que le radjah de Nalaghar a fait placer sur les routes qui conduisent à sa capitale. Ainsi se termine notre première étape dans les monts siwaliks, comparables au point de vue géologique à la série pliocène d'Europe.

19 avril. — Je mets la caravane en route de bonne heure, afin de lui éviter la chaleur du milieu du jour et je profite du répit que me laisse sa marche lente, pour poursuivre une compagnie de perdrix qui vient de se lever sur le passage des chevaux. Me défilant le long d'un buisson pour surprendre le gibier, je dévale l'une des pentes du monticule où nous avons passé la nuit, lorsque glissant sur une pierre je remarque un énorme caillou dont une partie jaunâtre revêt la forme d'un os ayant sans doute appartenu à un animal de l'époque tertiaire. J'appelle mes compagnons et nous rapportons le fossile au bungalow, au grand étonnement d'un indigène, qui ne comprend pas l'importance que nous attachons à cette découverte. Un autre indigène, attiré par la curiosité, nous dit alors qu'il se fait fort de nous montrer un grand nombre de pierres semblables dans les environs.

J'accepte sa proposition et nous dévalons à nouveau le monticule, nous dirigeant cette fois vers le lit à sec du torrent. Rappelant ses souvenirs, l'Indou marche quelque temps le long de la rive, puis descend dans le torrent et remonte son cours. Il semble à la recherche d'indices, car il se faufile entre les pierres et nous explique, tout en marchant, qu'il poursuivait un jour une de ses vaches, à la recherche d'un peu d'eau, lorsqu'il remarqua des restes de dents d'éléphants à demi pétrifiées. Effectivement, après une assez longue marche, l'indigène nous montre, au pied d'une colline rongée par les eaux, au sein même des galets qui recouvrent le lit du torrent, les fameuses dents annoncées. Il y en a trois auprès d'un grand trou rempli de vase, et près d'elles reposent un fragment de crâne et le morceau de défense dont l'ivoire avait attiré l'attention de notre guide.

Du reste, il n'y a pas que cela. En cherchant bien nous trouvons de nouveaux fossiles; nous mettons à jour des tibias, puis un fémur et une partie presque complète de mâchoire. Nous sommes dans le voisinage d'un gisement d'une grande richesse paléontologique. Tout nous permet de supposer que ce gisement se trouve à proximité, en amont. Malheureusement nous n'avons pas le temps de le rechercher, et nous le regrettons vivement, car des fouilles systématiques nous auraient sans doute permis de recueillir non seulement une collection plus complète de fossiles se rapportant à cet animal, mais encore d'autres ossements de plus petits mammifères de la même époque.

Nous devons bientôt nous arrêter au milieu de ces fructueuses et intéressantes recherches, car nous ne pouvons songer à emporter ces pièces lourdes et encombrantes. La caravane est déjà loin. Il serait d'ailleurs imprudent de surcharger nos bêtes et d'affronter la montagne avec un convoi alourdi dès la première étape. Je décide donc que nous prendrons seulement quelques spécimens, qui seront envoyés à Kalka, où l'aimable chef de gare ne refusera pas de les mettre en sûreté jusqu'à l'époque de notre retour. A ce moment je formerai une nouvelle caravane et je reviendrai chercher tous les fossiles qu'il me sera possible de découvrir. Je fais charger sur un brancard improvisé les meilleurs spécimens et nous rallions le bungalow, d'où je les envoie à Kalka, par l'entremise d'un chef de village voisin.

Nous sautons alors en selle et nous faisons diligence pour rejoindre la caravane. Nous la trouvons à bout d'étape, au moment où elle arrive devant le luxueux bungalow de la ville de Nalaghar, dont on aperçoit les premières maisons.

DELHI : LE FORT, DIWAN-I-KHAS

MAUSOLÉE DANS LA PLAINE DE DELHI

VIEUX DELHI : MOSQUÉE DU KUTAB
ET LAT DE DHAVA (COLONNE D'ANANG PAL)

PLAINE DE DELHI : TOMBEAU DE HUMAYUN

20 avril. — Le radjah a été prévenu de l'arrivée de la mission. Il m'envoie dès le matin un émissaire pour me souhaiter la bienvenue. Il me fait dire aussi qu'il sera heureux de me recevoir dans le courant de l'après-midi. Si l'heure me convient, il m'enverra, vers 5 heures, l'un de ses éléphants. J'accepte. A l'heure fixée, le chambellan du prince est devant la porte. Un éléphant tout caparaçonné l'accompagne. Je m'installe avec Hartey et nous nous rendons au palais.

Une large avenue conduit à la ville. Celle-ci est bâtie en gradins, sur une colline que domine une sorte de forteresse, demeure du chef de l'État. Prévenue du passage des étrangers, la foule se presse sur notre chemin. Beaucoup d'indigènes, juchés sur la toiture plate de leurs maisons, ou entassés à leurs fenêtres, se trouvent à peu près à notre hauteur. Cette circonstance leur permet de nous dévisager à loisir. Les moins favorisés sont restés dans la rue; ils sont bousculés par les quelques hommes d'armes qui nous escortent, ou par notre gigantesque monture qui, à elle seule, tient presque toute la largeur de la rue.

Grimpant allégrement les ruelles pavées, l'éléphant arrive bientôt à la citadelle, sur la porte de laquelle des soldats chamarrés et reluisants d'or et d'argent nous saluent. Nous mettons pied à terre dans la cour d'honneur et l'on nous conduit au Diwan-i-Kass, vaste salle attenante aux appartements royaux et donnant sur une véranda à colonnades. Précédés de l'un des ministres, venu au-devant de nous, nous sommes introduits auprès de Sa Grandeur, qui quitte son trône d'apparat et vient à notre rencontre. De haute taille, très mince, portant avec élégance un costume simple, de teinte vert clair, que rehaussent de superbes bijoux, le radjah, dont la figure fine est pleine d'expression, me tend cordialement la main et me fait asseoir à sa droite, au milieu de l'assistance. Nous causons quelques minutes, nous échangeons les compliments

d'usage, puis je prends congé de mon hôte, qui me déclare
qu'il se fait un honneur et un plaisir de laisser carte blanche
au chef d'une mission envoyée par une nation aussi noble
que la France.

Dans la cour nous retrouvons l'éléphant, derrière lequel
sont rangés deux luxueux palanquins. Leurs rideaux baissés
ne nous permettent pas de dévisager les occupantes ; mais, à
n'en pas douter, ce sont les favorites du radjah, qui peuvent
ainsi observer nos allées et venues tout en demeurant invisibles.

De la résidence royale nous rentrons rapidement au bungalow, acclamés par la foule multicolore, qui se fait de plus en
plus dense.

22 avril. — Nous quittons Nalaghar dans la matinée et
nous cheminons jusqu'au soir dans la large vallée que nous
suivons depuis trois jours. Vers la fin de l'étape, nous abordons les premiers contreforts de la montagne, qui nous bar-
rait jusqu'ici la direction du nord. C'est dans cette direction
que se trouvent les États de Belaspour et de Suket, que traverse notre itinéraire.

A mesure que nous nous éloignons de l'aride vallée de la
Sohan, le terrain devient de plus en plus fertile et sauvage.
Dans les environs immédiats du bungalow, où nous nous
arrêtons pour passer la nuit, de nombreux paons font entendre
leurs cris, auxquels se mêlent ceux de nombreuses bandes de
singes, qui, sautant de roche en roche et de buisson en
buisson, s'effarouchent à tout instant de la rencontre d'un
renard ou de quelque autre carnassier fréquentant les épaisses
broussailles qui environnent le camp.

23 avril. — Notre marche nous conduit rapidement sur le
flanc rougeâtre des montagnes où notre sentier trace ses lacets

capricieux. De superbes loriots aux couleurs voyantes égaient de leur plumage doré les feuillages sombres des pins et des cactus. Ces derniers pointent leurs branches bizarres vers le ciel empourpré par un magnifique lever de soleil. Dans les sous-bois, une sorte de coucou jette son cri monotone, bientôt étouffé par le bruit des eaux d'une impétueuse nala où se désaltèrent nos chevaux.

Après avoir gravi les dernières rampes d'un petit col, nous découvrons bientôt toute la vallée que nous venons de parcourir. Ce pays, sablonneux et aride, malgré la large rivière dont le tracé onduleux se divise en de nombreux rubans, a l'aspect d'un véritable delta, qui s'étend à perte de vue vers le sud. Devant nous, de plus en plus peuplées de conifères, les montagnes nous offrent leur ombre, qui facilite notre marche jusqu'au col de Satgarh, où nous faisons étape. Nous sommes au milieu d'un bois de sapins, dominé par deux antiques fortins tombés en ruines, et d'où la vue s'étend très loin vers le nord-est.

Toute la région que nous devons traverser avant d'atteindre le district de Kangra dessine à nos pieds des silhouettes montagneuses, derrière un premier plan formé de hautes collines boisées, au pied desquelles serpente une large rivière. Au fond de cette vallée pittoresque, on aperçoit dans le lointain les champs dorés de céréales qui entourent une ville ensoleillée. Belaspour est en effet bâtie au pied de cinq lignes presque parallèles de montagnes abruptes, se pénétrant les unes les autres jusqu'à former une chaîne formidable, qui cache l'horizon derrière ses sommets couronnés de glaciers géants. Ce sont les monts Himalaya.

Dans le ciel rougi par les lueurs crépusculaires, des aigles décrivent de grands orbes au-dessus de nous. Ils fondent parfois, avec la rapidité d'une flèche, sur une proie que la distance ne nous permet pas d'identifier. La nuit tombe sur la vallée et nous quittons à regret notre observatoire pour regagner le bungalow.

24 avril. — Après une descente rapide à travers une contrée assez pittoresque, qui rappelle un peu les paysages de certaines parties des Alpes, nous atteignons la ville, bâtie sur le bord de la Sutledj. Creusées par endroits dans des rochers gris et roses, les rives de ce fleuve nous ont offert en cours de route de magnifiques points de vue.

Belaspour, avec les habitations sordides de son bazar et les maisons plus coquettes, entourées de jardins, des notables, a fort peu d'importance. Le palais même du chef de l'État offre un intérêt médiocre. L'aspect général de la ville respire cependant la gaieté. Dans la construction des maisons, presque toutes surmontées d'un étage, le bois entre pour une grande part. Des balcons sculptés décorent également de nombreuses façades et donnent à la cité un aspect tout différent de celui que présentent les villes indoues rencontrées sur notre chemin.

Le radjah étant absent, je suis reçu par le grand vizir. Il me remet, de la part de son souverain, une foule de présents consistant surtout en aliments et parmi lesquels se trouve un bélier magnifique. Je le garderai comme souvenir.

25 avril. — En quittant Belaspour, nous nous dirigeons vers Dahora, que nous atteignons après une marche pénible. En cours de route nous assistons à une scène pittoresque. Au bord de la rivière, des hommes, montés sur des peaux de vaches gonflées qui leur servent de radeaux, s'emploient à débarrasser le lit du fleuve des énormes sapins que le courant a entraînés et qui obstruent une partie du cours d'eau.

Le lieu de notre campement est loin de présenter le confortable de la jolie maisonnette mise hier à notre disposition par le radjah. Notre abri n'est aujourd'hui qu'une misérable cahute dont le toit d'ardoises a conservé la chaleur accablante du milieu du jour. Comme le pays est d'une désolante aridité et que pas un arbre n'est en vue, nous décidons, afin de nous soustraire aux trois ou quatre heures de soleil qu'il nous reste à supporter, de descendre dans les étroites gorges que surplombe le bungalow. Dans cette vallée rocheuse et encaissée nous trouvons un peu d'ombre, et par voie de conséquence de nombreux oiseaux, parmi lesquels deux énormes martins-pêcheurs, que Déprimoz a la chance d'abattre. La nature du terrain rappelle celle du tertiaire d'Europe, mais d'au moins une série plus ancienne que les collines siwaliks.

26 avril. — Nous continuons notre marche vers le nord-est, escaladant un col où la végétation paraît plus dense. Partout ce n'est que myrtilles, rosiers et autres plantes de montagne rendues arborescentes par le climat. Sur l'autre versant, nous rencontrons des villages riches et prospères, à en juger par les nombreuses cultures qui les entourent. Plus bas, nous traversons une vallée qui aboutit à la ville de Suket. Nous dressons nos tentes sur l'une des places de cette ville, en face du Dack que l'on est en train de réparer.

Malgré son ancienneté, la ville paraît neuve, tant ses maisons sont gaies et ses rues ombragées de grands arbres. L'une de ces rues, celle-là même qui conduit au palais, est bordée de fleurs au parfum exquis. Le nouveau souverain, dont l'amabilité est digne de celle des souverains dont nous venons de traverser les États, nous fait remettre de nombreux présents, qui me permettront de nourrir tout mon monde pendant plusieurs jours. De plus, grâce à son obligeance, je vais pouvoir réquisitionner de nouveaux chameaux ; les miens ont les pieds en sang et ont été assez malmenés par les dernières étapes en montagne.

27 avril. — Le chemin est long entre Suket et Mandi. Aussi partons-nous de bonne heure. Nous traversons un faubourg de la ville, puis une immense plaine cultivée, où vivent de nombreux groupes de grues antigones. Elles se promènent gravement, faisant la cueillette des grains mais détruisant aussi, fort heureusement pour les indigènes, des petits mammifères rongeurs analogues à nos mulots.

Ce n'est qu'à la fin de l'étape que nous retrouvons la montagne. Là, sur le bord d'un torrent, nous surprenons une troupe de singes qui, descendus sur les rochers bordant la rive opposée, jouent entre eux et se poursuivent sur les pierres. Certains même poussent leur galopade jusqu'au bord de l'eau, se jettent résolument à la nage, traversent avec rapidité et escaladent à nouveau les rochers d'où ils replongent dans les eaux tumultueuses.

Quelques milles plus loin nous entrons dans Mandi et montons les tentes sur un terrain voisin du Dack. Je vais ensuite rendre visite au résident anglais qui gouverne au nom du radjah. Ce dernier est un enfant de huit ans.

28 avril. — La capitale de l'État de Mandi frappe d'abord par l'absence presque complète de l'architecture spéciale aux villes de ces montagnes. Les maisons ont presque toutes l'aspect de celles d'une bourgade de l'Inde centrale. Dans la rue principale, de nombreux temples brahmaniques dressent leurs gopurams compliqués, où des centaines de divinités sculptées dans la pierre s'entassent les unes sur les autres, dans un mélange indescriptible. Au centre de la ville, un étang sacré confirme le caractère religieux de cette cité, où abonde la couleur locale.

29 avril. — Après avoir pris congé de l'agent politique anglais, homme fort aimable, nous descendons vers le pont suspendu qui fait communiquer les deux rives du fleuve. Vue de là, Mandi est vraiment attrayante avec ses ghats antiques descendant jusqu'à la rivière, sur les bords de laquelle des indigènes se livrent à leurs ablutions, et ses temples nombreux, dont les coupoles et les flèches se dressent au-dessus des maisons.

Nous prenons la tête de la caravane, déjà engagée dans la montagne, et la gardons pendant toute la durée de l'étape. En chemin nous croisons plusieurs caravanes de Ladaki; les unes transportent à dos de moutons, dans de petits sacs, des denrées d'échange; les autres sont encore campés sur le bord du sentier, où se dressent les tentes réservées aux bêtes et aux gens. La rencontre de ces indigènes, dont le visage rappelle un peu celui des Lapons, avec toutefois les caractéristiques de la race chinoise, a pour nous un grand intérêt. C'est en effet parmi ces peuplades que nous allons vivre dès que nous aurons abordé les monts de Lahoul et les Spiti qui nous séparent du Thibet. Nous les examinons donc curieusement. Ils sont revêtus de costumes de laine d'une repoussante saleté; le bas de leur pantalon est enfermé dans des sortes de bottes feutrées, à la chinoise. Comme coiffure, ils portent des toques en peau de mouton, d'où s'échappent leurs cheveux graisseux et raides, probablement bien habités.

Grimpant presque continuellement à travers la montagne, ou suivant le cours pittoresque des torrents, nous arrivons, à la fin de l'après-midi, au refuge de Kutola. Nous nous installons pour la nuit et nous nous occupons du chargement de nos bêtes de somme, abandonnant nos chameaux qui ne peuvent aller plus loin à cause de la nature pierreuse du sol. Une nouvelle répartition des colis s'impose, les mulets que vient de m'envoyer le gouverneur du district étant plus nombreux mais moins forts.

29 avril. — A l'aube, nous quittons le refuge. Le sentier que nous suivons, et auquel les cartes attribuent l'importance d'une voie de grande communication, est particulièrement mauvais et étroit. Il côtoie par moments de dangereux précipices. A un endroit, nous éprouvons un peu de difficulté. Une partie du sentier a été emportée par les eaux. Tout se passe cependant le mieux du monde et, assez tôt dans l'après-midi, nous atteignons, au centre d'une forêt de rhododendrons magnifiques, le col de Kandy, où nous campons autour d'un ancien bungalow désaffecté.

30 avril. — Kandy, où nous venons de passer la nuit, est notre premier poste d'observation scientifique. La région qui nous entoure, grâce à ses montagnes recouvertes de profondes forêts, doit recéler une faune locale d'une grande richesse, avec laquelle il sera intéressant de comparer plus tard celle des diverses régions parcourues.

Pour ne pas perdre de temps, tandis que sous les ordres de Hartey les muletiers et les boys organisent le campement, nous partons, Jean et moi, précédés du guide thibétain, afin d'explorer rapidement la chaîne abrupte qui nous fait face. Nous remontons vers le col de Kandy et descendons ensuite dans la direction de Koulou, suivant le sentier de Bajaura pendant deux ou trois milles. Nous abandonnons alors la route et nous entreprenons l'ascension du massif.

Les halliers que nous traversons contiennent des oiseaux en grand nombre. Parmi eux nous distinguons deux espèces de faisans, dont Jean abat un superbe coq. Nous sommes bientôt à la limite des forêts. La marche devient plus difficile et c'est avec beaucoup de peine que nous continuons à avancer. Nous grimpons en suivant une arête de la montagne, quand un énorme rocher nous oblige à changer de route et nous devons, pour nous élever davantage, contourner un

VIEUX DELHI : PORTE D'ALADIN

VIEUX DELHI : KUTAB MINAR

RUINE DE LA GRANDE MOSQUÉE D'ALTAMSH AU KUTAB

ROUTE DE KALKA A SIMLA

précipice. Une muraille presque perpendiculaire le domine, ce qui ne rend pas l'ascension plus agréable. L'herbe à laquelle nous nous cramponnions a cessé. Nous ne trouvons plus de soutien ni d'appui sur le sol nu. Décidés à ne pas revenir en arrière, — le retour par le même chemin serait impraticable, — nous faisons contre mauvaise fortune bon cœur et avançons avec prudence, et très lentement. Notre guide défait alors son turban et s'en sert comme d'une corde pour m'aider à monter d'une aspérité à l'autre. A mon tour je rends le même service à Jean. Nous procédons ainsi depuis quelque temps lorsque, dans une anfractuosité de rocher, je dois, pour ne pas rouler et entraîner mon compagnon dans ma chute, me retenir au bord d'une excavation où j'enfonce les doigts. Comme Jean en profite pour franchir le passage dangereux, quelque chose de froid frôle ma main. Est-ce un serpent, ou quelque animal dont j'ai troublé le repos et qui vient se rendre compte? Un frisson, je l'avoue, parcourt mon épiderme. Ne pouvant bouger, sans danger pour mon compagnon, j'attends qu'il ait pris pied sur la plate-forme où je suis. Je risque alors un regard, mais le trou est profond et je ne puis voir dans cette ombre.

Ce danger passé, un autre se présente. Jamais je n'ai eu le vertige; mais aujourd'hui, — est-ce manque d'entraînement? — je suis pris tout à coup d'un éblouissement; j'ai l'impression que je vais choir dans le vide. Chance extraordinaire, un énorme rhododendron surplombe le gouffre à l'endroit où je suis. Je me mets à califourchon sur sa tige et rassemble tout ce qui me reste d'énergie pour combattre l'évanouissement commençant. Après quelques minutes d'angoissante immobilité, mon malaise se dissipe. Ma situation et celle de mes compagnons n'en est pas meilleure. En escaladant les dernières pentes nous nous sommes enrochés sans le savoir et ne savons plus comment nous tirer de ce mauvais pas. Nous remarquons alors une troupe de « gorals » *(Urotragus goral)* qui nous observent du haut de la crête vers laquelle nous nous dirigeons. Les jolies bêtes dévalent à toute allure la pente qui nous fait face, s'arrêtent auprès d'un énorme rocher placé à quelques centaines de mètres du point où nous sommes, puis disparaissent dans un petit bois placé en contrebas. Notre guide, qui a observé avec attention les mouvements de la troupe, se risque à son tour sur la pente que viennent de descendre les gorals. Nous nous élançons à sa suite, sautant d'un rocher à un autre, tandis que roulent derrière nous, avec un bruit d'avalanche, les pierres détachées par nos souliers ferrés. Non sans peine, nous parvenons à une nouvelle crête, et après avoir descendu perpendiculairement un dernier rocher, nous nous trouvons enfin sur un terrain solide.

De hauts sapins peuplent ce lieu. Nous pénétrons dans les fourrés et mettons en fuite une antilope. Nous la perdons de vue avant d'avoir pu la tirer. Descendant de crête en crête, nous atteignons vers midi le sentier de Bajaura et rallions le campement. A 5 heures, mes deux compagnons repartent à la chasse. Malgré mon désir de les suivre, je dois rester au camp pour soigner les malades. Mes chasseurs rentrent à la tombée de la nuit, porteurs d'oiseaux intéressants.

1er mai. — Nous partons à l'aube visiter la partie montagneuse située à l'opposé de notre exploration récente. Après avoir escaladé la rampe broussailleuse à laquelle est adossé le campement, nous entrons en forêt. Au moment où nous traversons une clairière, Jean, qui me précède, épaule vivement sa carabine. Gêné par la courroie de ses jumelles, qui s'est entortillée autour de son poignet, il manque une énorme panthère qui, à moins de 20 mètres, disparaît à travers le bois.

Nous nous précipitons à sa poursuite, mais en vain ; il nous est impossible de retrouver le fauve.

Nous continuons notre marche à travers un terrain accidenté, recouvert de place en place de sapins et de rhododendrons, notamment dans les parties les plus élevées. Ne trouvant que peu de gibier, nous rentrons de bonne heure, satisfaits de notre course et ravis par la vue splendide que nous avons eue des sommets.

L'après-midi, Jean et Simon placent des pièges, car la panthère a tué un mouton à moins d'un mille du camp. Pour ma part je fais de l'entomologie et je donne mes instructions aux hommes pour la chasse aux insectes.

COL DE KANDY, *2 mai*. — Je quitte le camp en compagnie de Jean et de Simon. Nous nous rendons dans la partie boisée où nous avons aperçu hier la grosse panthère. Aurons-nous la chance de la trouver prise dans nos trappes ? Un peu avant d'arriver à l'endroit où Jean a placé sa chèvre, nous nous séparons. S'il est nécessaire, le félin se trouvera pris, de la sorte, entre deux feux. J'arrive le premier en vue du biquot qui a servi d'appât. En m'apercevant, il bêle. Rien n'a été touché. Les pièges sont intacts. Simon et Jean sortent du bois. Le dernier m'apprend qu'il vient de revoir le félin, mais il n'a pas pu le tirer. Nous visitons les derniers pièges, posés à deux milles de là. Eux aussi sont intacts.

Rentré au camp, j'ai fort à faire pour surveiller mes chasseurs d'insectes. Depuis le matin ils font retentir la forêt du bruit des coups de hache dont ils frappent les arbres morts susceptibles d'abriter des reptiles ou des coléoptères.

Après le déjeuner, Jean et Simon repartent à la chasse, me laissant seul avec mes chercheurs entomologistes, auxquels se sont joints de nombreux muletiers. Ces derniers ne tardent pas à capturer trois gros serpents, dont l'un appartient à une espèce des plus venimeuses.

Vers 5 heures, je profite d'un instant de liberté; je prends mon fusil et vais faire un tour dans la direction du col. A un mille du bungalow, je rencontre l'un de mes hommes. Poursuivant deux mules échappées, il disparaît bientôt à un tournant. Je le retrouve un peu plus loin et il m'explique qu'au moment où il passait au bord du sentier, un cobra noir l'a attaqué. J'examine les jambes de l'indigène et aperçois deux gouttelettes de sang, désignant l'endroit exact de la morsure. J'applique donc un tourniquet au-dessus de la plaie et je rentre au camp avec le pauvre garçon. Il ne souffre pas encore mais se croit déjà perdu. Avec l'aide d'Hartey je fais au malade une double injection de sérum Calmette. Ce dernier produit rapidement son effet, arrêtant la coagulation du sang qui, d'ordinaire, se décompose très vite sous l'action du venin. Durant les quelques minutes qui ont suivi la piqûre, le blessé s'est affaibli insensiblement. Il était temps que le sérum agisse. Sur le soir, je vais voir le malade et j'ai la joie de constater que son malaise s'est complètement dissipé.

3 mai. — En dépit de ses insuccès précédents, Jean a voulu retourner dans la forêt où doit se trouver le repaire du léopard. Comme nous avons à étudier les différentes régions de la vallée de Koulou, je me décide à porter le camp à Bajaura, d'où il nous sera plus facile d'observer la faune générale. Je laisse donc mon fidèle trappeur se livrer seul à sa chasse dangereuse. L'épaisseur des fourrés permet du reste souvent au chasseur de passer à 10 mètres de sa proie sans l'apercevoir. Le félin, lui, n'aurait alors qu'un bond à tenter pour se débarrasser de son ennemi, et faire, par surcroît, un déjeuner vraiment exquis! Il est vrai que notre état actuel de maigreur ferait sans doute réfléchir le fauve le plus affamé. En tout cas,

je donne à Jean cinq indigènes, qui lui serviront de porteurs, et me dirige vers Bajaura. La vallée où se trouve la ville
s'aperçoit de fort loin, mais on ne l'atteint qu'après une
longue marche, en raison des lacets nombreux que fait la
route à travers bois. Un peu avant midi, je touche enfin le but
et suis reçu par un ancien colonel de l'armée des Indes qui,
très aimablement, veut bien me louer un de ses bungalows.

Je m'installe avec joie dans cette petite demeure très confortable et je consacre les heures les plus chaudes de la journée à défaire nos nombreux paquets et à ranger leur contenu.
Vers le soir, je rends visite à notre hôte, qui habite une maison de belle apparence, et, si l'on peut dire, de style indo-
européen. Tout autour s'étend un jardin anglais rempli de
fleurs. Parmi ces dernières je remarque avec ravissement des
roses de toutes sortes, au parfum exquis. Prévenu de ma
visite, le colonel vient au-devant de moi. Il me fait visiter sa
nombreuse collection d'armes et objets indigènes. Une peau
de tigre gigantesque orne l'escalier qui conduit au premier
étage et de nombreux trophées de chasse retiennent mon
attention pendant la traversée des longues vérandas qui
s'ouvrent sur toute la façade du bâtiment.

Le colonel tient à me faire admirer les vergers qui entourent
son jardin. Il a su développer la culture du pommier, dont il
possède de vastes plantations, et il est certain qu'un jour,
lorsque les indigènes auront compris et suivi son exemple,
cette culture fera la richesse de la région. L'installation particulière du colonel comporte un fruitier spécialement aménagé, qui permet de garder les fruits et d'en faire l'expédition
avant qu'ils ne se gâtent. Nous parcourons les communs, où
lapins, poules, pigeons, etc., sont parqués dans de vastes
basses-cours qui respirent la plus grande propreté. Il est
malheureusement très difficile de protéger ces bêtes contre
les petits carnivores qui chaque nuit rôdent dans les environs

et cherchent à y pénétrer. Il va sans dire que lorsqu'ils réussissent — et c'est, hélas! fréquent, — ils font un terrible carnage.

Après avoir pris congé de l'aimable colonel, je rentre au bungalow où mes compagnons préparent les pièges qu'ils doivent poser dans les environs.

CHAPITRE V

3 mai. — De bonne heure, j'envoie mes deux préparateurs explorer la vallée. Chacun d'eux emmène avec lui un groupe d'indigènes chercheurs de reptiles et d'insectes. Jean, suivant le programme que je lui trace, remontera la rivière, le long des rives, cependant que Simon en descendra le cours, à la recherche des spécimens habitant la campagne, à la lisière des forêts. Ainsi nous arriverons à connaître, en peu de temps, la faune locale de la contrée. Aidé par le colonel, j'organise personnellement une expédition pour les monts Spiti, situés entre le Thibet et l'endroit où nous sommes.

Le colonel a convoqué plusieurs de ses fermiers. Je m'entends avec eux au sujet du transport à dos de cheval du matériel de la mission. Nous discutons longuement et nous passons en revue les difficultés que nous réserve le trajet. En fin de compte, le départ est fixé au 7 mai.

4 mai. — Aujourd'hui encore je laisse à mes compagnons le soin d'effectuer des recherches dans la contrée. Penché sur les cartes mises à ma disposition par le colonel, j'étudie l'itinéraire de notre voyage aux Spiti. Ces cartes m'indiquent une route ; mais les guides se refusent à la suivre, à cause du trop grand nombre des chevaux. La journée s'écoule en palabres et nous décidons enfin de remonter la rivière Parvâti, dont les bords nous fourniront, si j'en crois les indigènes, une faune extrêmement variée et une nourriture très suffisante pour nos bêtes.

5 mai. — Un indigène me prévient qu'il a vu une paire de chats sauvages disparaître dans un trou, non loin de la rivière. Nous faisons des recherches pendant toute la matinée; mais, malgré nos efforts, nous ne parvenons pas à faire sortir les félins de leur abri. Nous plaçons alors un certain nombre de pièges et nous rentrons pour travailler au choix des vivres que nous emporterons avec nous pour notre expédition. Sur le soir, Jean va voir les trappes. Il les trouve détendues. L'une d'elles a conservé des touffes de poils et ce détail nous prouve qu'une bête s'y est prise. Le piège porte des traces indiscutables de coups portés à l'aide d'une pierre, dans le but évident de briser les ressorts. Un homme inexpérimenté en a donc retiré l'animal, dont la fourrure a un certain prix dans la région. Nous éprouvons un peu d'ennui. Nos trappes, en effet, sont posées chaque soir dans les environs, mais nous n'avions pas compté sur ce braconnage d'un nouveau genre.

6 mai. — Derniers préparatifs et arrangements, par lots, des caisses qui resteront ici et que j'enverrai prendre au fur et à mesure des besoins.

7 mai. — Au petit jour, le branle-bas est général. Les caravaniers, sous la direction d'Ibraïm, ont amené leurs chevaux et le chargement ne va pas sans mal ni sans discussion. Vers midi tout est prêt, et nous quittons la propriété du colonel qui, allant lui-même à Naggar, m'accompagne jusqu'à la traversée du torrent.

Après avoir passé la rivière, nous quittons la vallée de

Koulou pour remonter celle de la Parvâti, dont les versants, presque perpendiculaires, forment par endroits de véritables gorges au fond desquelles gronde le cours d'eau. A la suite de violents orages, ce dernier est très gros. En dépit de l'absence ou de la pauvreté de la végétation, le paysage est pittoresque. Par exemple, le chemin est dangereux et côtoie de profonds précipices. Sur l'une des hauteurs que nous escaladons, nous sommes pris par la tourmente. Le vent fait preuve d'une telle violence, que nous devons descendre de cheval afin de lui résister. Les éclairs sillonnent le ciel. La composition minérale du sol et nos nombreuses caisses de fer me remplissent d'inquiétude. Nous atteignons cependant notre lieu d'étape sans incident et nous montons les tentes sur la place du petit village de Tchong, bâti sur un pic rocheux, en face de glaciers superbes que l'on aperçoit par instants, à travers les nuages rapides que chasse devant lui le vent.

Le hameau où nous sommes est tout à fait curieux. Il ne ressemble à aucun de ceux que nous avons visités. Avec ses habitations de bois, au style purement asiatique, et sa pagode placée au milieu de roches verdâtres, il forme un ensemble d'un pittoresque achevé. Dès maintenant nous avons la sensation de la nouveauté et ceci nous fait prévoir des surprises encore plus grandes au cours de notre exploration.

Nous nous mettons en devoir de prendre notre repas, lorsque des sons rauques retentissent, remplissant le soir de sauvages clameurs. Nous nous sommes levés dans un geste impulsif et j'interroge le boy que notre ahurissement fait sourire. Il m'apprend que ce sont les bonzes du temple voisin. A l'aide de ce bruit véritablement infernal, ils mettent en fuite les mauvais esprits des montagnes, qui, d'après ce qu'enseigne leur religion, rôdent à l'entour des villages quand les ténèbres sont tombées.

Rien ne peut donner une idée de l'impression profonde

causée par ces rauques appels. Mêlés au son des trompes, aux roulements sourds de l'orage, au mugissement de la bise, sous un ciel embrasé d'éclairs, ils agissent sur les nerfs les mieux trempés et remplissent d'un effroi étrange, où la peur physique n'entre pour rien. Un bon repas arrosé de whisky nous remet d'ailleurs d'aplomb et chasse de nos esprits fatigués ces impressions fugitives.

VERS GHARY, *8 mai*. — On lève le camp à 8 heures. L'orage menace à nouveau, mais nous prenons courageusement le chemin qui mène à la nouvelle étape. La pluie se met à tomber peu après. Le sentier devient glissant pour les chevaux qui risquent de choir dans de profonds ravins. La caravane avance malgré tout et, vers 10 heures, nous avons fait la moitié du parcours et atteint le pont rustique au moyen duquel nous allons traverser un affluent de la Parvâti. Les eaux bondissent entre de jolis rochers de marbre noir et blanc, derrière un rideau de grands arbres.

Une fois sur l'autre rive, nous nous élevons de lacets en lacets. Le chemin devient de plus en plus dangereux et nous devons terminer l'étape en tenant nos chevaux par la bride. A midi nous sommes au village de Ghary. La pluie nous a fort malmenés. Aussi est-ce avec satisfaction que nous prenons place dans un bungalow forestier. Après le déjeuner, le temps s'étant remis au beau, nous pouvons jouir de la vue splendide que nous avons d'ici. Sur le versant qui nous fait face se dresse un massif montagneux presque perpendiculaire et dont l'aspect est imposant. Ses arêtes étroites descendent jusqu'au lit du cours d'eau. De notre côté, au contraire, le terrain est moins tourmenté. Des champs de blé parsemés de grands arbres descendent en gradins jusqu'à la rivière, et au-dessus du village la montagne, couverte de sapins, s'élève en pente douce, laissant voir derrière elle les sommets rocheux d'un deuxième massif que nous masquent les bois.

Le contraste entre l'aridité du premier versant et la fertilité du second contribue à donner à ce pays un aspect qui n'est pas sans charme. La faune y est très riche, mais assez différente de celle des pays voisins.

Nous commencions à être reposés et réchauffés, lorsqu'un officier anglais se présenta au bungalow et me dit qu'il revenait d'une partie de chasse aux moutons sauvages. Très aimablement il voulut bien me montrer ses trophées et me donner sur les animaux rencontrés des renseignements qui compléteront et contrôleront utilement ceux que je réunirai moi-même sur là faune locale.

GHARY, *9 mai*. — Jean est allé explorer le massif qui s'élève sur là rive opposée de la Parvâti. Il y séjournera deux ou trois jours afin de me procurer quelques sujets choisis parmi les antilopes, qui, dit-on, doivent s'y trouver en grand nombre. J'aurais voulu l'accompagner; mais un malaise dont je sentais venir les approches depuis un jour ou deux me cloue momentanément au lit. Dans l'après-midi, Simon part de son côté. Il me rapporte une vingtaine d'oiseaux, parmi lesquels plusieurs spécimens assez rares. Mon chef taxidermiste indigène, Sher Khann, a aperçu, en plaçant ses pièges, un chacal blanc. Il me dit qu'il espère bien capturer cette curieuse bête pendant la nuit.

Peu après le dîner arrive un envoyé de Jean. Il vient chercher des cartouches et me dit que mon premier préparateur a tué une antilope. Je le renvoie avec les munitions demandées et de nouveaux vivres.

10 mai. — Simon, en visitant les pièges, capture un beau renard et plusieurs jolis spécimens d'oiseaux. Le chacal blanc ne s'est pas laissé prendre. Le temps est toujours à la pluie.

11 mai. — N'ayant pas de nouvelles de Jean, j'envoie Simon lui porter des vivres et je laisse ce dernier libre de rentrer dans la soirée ou de rester auprès de Jean. Dans l'après-midi, je reçois un billet de lui, m'informant qu'il passera la nuit dans la montagne. Je chasse pendant quelques heures dans les environs, puis une mauvaise bourrasque m'oblige à regagner le camp.

12 mai. — Mon malaise persiste. Les forces reviennent lentement; aussi dois-je proportionner l'exercice à mon état général et me contenter de 4 ou 5 milles de marche. En revenant, après une chasse assez mouvementée aux pigeons verts, dans une gorge pittoresque, je rencontre un des shikaris de Simon. Il me remet un écureuil-volant magnifique. Cette trouvaille — je m'étais justement proposé d'étudier ce curieux animal — me remplit de joie et j'attends avec impatience la journée du lendemain pour commencer mon travail.

13 mai. — Étude anatomique de l'écureuil-volant. Vers midi, au moment où je vais me mettre à table, Jean et Simon font leur entrée au camp. Le premier a mauvaise mine et se plaint d'avoir souffert du froid. Tous deux ont fait d'intéressantes excursions dans la montagne; mais en poursuivant les antilopes, ils ont dû passer dans des endroits exceptionnellement dangereux, tirer leur gibier à de grandes distances et suivre les bêtes blessées sur des rochers glissants, au-dessus de précipices effroyables. Jean a tiré un mouton sauvage qui lui a paru appartenir à la variété d'Hodgson. Malheureusement il n'a pas pu, en dépit de ses recherches, capturer l'animal blessé.

JARI, *14 mai*. — Simon relève les pièges et me rapporte un autre renard. Nous quittons ensuite notre petite maison forestière et nous nous dirigeons vers Manikaram. Le sentier que nous suivons traverse des paysages de toute beauté. Côtoyant sans cesse le torrent, nous rencontrons de belles forêts de sapins. Par moment, nous apercevons la nappe écumeuse du cours d'eau, dont le vert sombre fait ressortir la blancheur immaculée des neiges qui couronnent les sommets.

Plus loin, le sentier s'engage dans une gorge au fond de laquelle, de cascade en cascade, bondit le torrent. Nous atteignons enfin Manikaram. C'est un lieu de pèlerinage indou fort connu, mais il ne s'y trouve qu'un petit temple, de peu d'importance. Misérable petite bourgade, la cité doit son renom à la présence de sources chaudes et sulfureuses. L'une de ces dernières se répand à travers les rues, leur donnant un aspect étrange. Des vapeurs s'élèvent au-dessus des maisons et l'eau court en ruisselets multiples sur le sol déjà raviné. A certaines époques, une foule de pèlerins vient de tous les points de l'Inde. Ils se plongent dans ces eaux sulfureuses afin d'obtenir des guérisons que les fakirs, lorsqu'elles se produisent, attribuent inévitablement aux divinités de l'endroit.

Situé au milieu du village et à proximité du torrent, notre bungalow est très propre. Il contient même une baignoire à la romaine où les voyageurs peuvent se baigner dans l'eau sulfureuse. Il faut, dit-on, laisser refroidir cette dernière pendant trois heures avant qu'elle atteigne la température normale du bain.

Au point de vue géologique, Manikaram constitue l'extrémité nord-est d'un îlot de l'époque primaire nommé Purana (Précambrien) dans lequel nous avions pénétré à Tchong.

15 mai. — Nous employons notre matinée à chasser des cincles, qui, très nombreux, font de curieux plongeons dans les eaux tumultueuses de la Parvâti. Après le déjeuner, nous allons faire de l'entomologie en aval du village. Nous ne trouvons guère que des spécimens appartenant à la faune paléartique. Les bostrychides sont particulièrement communs. Sous l'écorce des vieux sapins, nous les trouvons par centaines, encore que leur saison soit déjà avancée.

A environ 3 milles du village, nous retrouvons un coin que j'avais remarqué. J'ai le plaisir de constater que je ne m'étais pas trompé sur sa richesse entomologique. Les coléoptères y abondent. Le terrain, mi-sablonneux, mi-herbeux et coupé par un ruisselet qui lui donne l'humidité nécessaire, est du reste particulièrement choisi. Un bois de sapins, dans le voisinage, abrite d'autres arthropodes. Le torrent coule à quelque cinquante mètres et dépose sur ses rives des insectes provenant des plus hautes altitudes. Sous les pierres, nous en faisons une ample moisson. Je signalerai tout particulièrement de gros scarites, qui s'enfoncent au fond de leur trou, profond de plus de 20 centimètres; une autre espèce de carabiques, qui paraît affectionner les pierres de la partie herbeuse, et de nombreux brachiniens, qui, sous les cailloux humides, voisinent avec de jolis calistus.

Les bords mêmes du torrent me fournissent des élaphrus et des pœderus, qui courent sur le sable, près des ruisselets. Nous capturons également, dans l'herbe courte, des bembidium en quantité; des larves d'un gros lamellicorne, qui vivent sous les pierres, dans les bois de sapins; l'insecte parfait malheureusement fait défaut. Nous trouvons, en revanche, un petit melolonthidæ desséché, mais en bon état. Les ténébrionides abondent partout; on en voit même courir sur le sol.

Nous réintégrons le bungalow à la nuit, très satisfaits de nos découvertes.

16 mai. — Chasse aux spécimens ornithologiques de l'endroit. Nous passons plusieurs heures à traquer un martin-pêcheur qui a son trou sous un rocher inaccessible surplombant la Parvâti. Cet oiseau, au plumage ravissant, effleure les eaux d'un vol rapide et se pose de temps à autre sur les pierres, au milieu du torrent. Dès qu'il aperçoit une proie, il plonge avec vivacité. Sa continuelle présence au-dessus des eaux nous empêche de le tirer, car, en raison de la violence du courant, nous ne pourrions pas le repêcher s'il tombait dans les flots. Nous faisons donc tout notre possible pour l'obliger à changer de route. Nous n'y parvenons pas. A midi, lassés d'attendre, nous rentrons pour le déjeuner. Pendant le repas, nous apercevons une bande de singes roux auprès de la rivière. Jean se précipite sur sa carabine et en tire un, qu'il blesse grièvement. Au bruit, la troupe se débande, fuyant à toute allure vers les rochers, où ils s'arrêtent quelques instants. Je saisis à mon tour une carabine à télescope et j'en culbute un autre. Les hommes que j'envoie ne peuvent pas retrouver les blessés.

17 mai. — Ma collection des animaux, peu nombreux du reste, de cette région, est aussi complète que nous pouvions l'espérer. Je décide donc de partir pour Pulga, localité située tout près des sources de la Parvâti. Le sentier qui y mène est si mauvais, au dire des gens de la contrée, que je remplace mes trente petits chevaux par quarante-cinq coolies indigènes.

Nous quittons le bungalow à 9 heures. Nous suivons d'abord la rive droite du torrent, puis nous nous élevons au-dessus du fleuve; le chemin nous oblige à zigzaguer à travers les dernières cultures de Manikaram. Par une rampe très dure, nous atteignons le flanc des montagnes et nous entrons dans un bois peuplé de marronniers d'Inde, dont l'ombre fraîche facilite notre progression. La végétation est très dense et des touffes d'iris bleu en pleine floraison embaument l'atmosphère. Nous entrons bientôt dans la zone élevée des sapins et des cèdres. La forêt s'épaissit, tandis que la flore change de caractère. Le sentier se rapproche du reste du torrent, que nous apercevons au fond d'une gorge profonde. Tantôt nous éloignant du cours d'eau, tantôt nous rapprochant de lui, nous continuons notre route. Les points de vue sont de plus en plus ravissants. A chaque minute, de nouveaux panoramas nous font oublier les difficultés du parcours. Nos malheureuses montures sont surtout à plaindre. Le mauvais état du sentier les fatigue terriblement.

Vers la fin de l'étape, nous retrouvons la Parvâti. Elle coule dans une vallée plus large et le muletier qui nous sert de guide m'apprend que désormais le chemin va être meilleur. Nous prenons alors le galop pour atteindre le bungalow et nous traversons la rivière sur un pont plus que primitif.

La petite bourgade de Pulga est située en pleine forêt. Le bungalow forestier que nous allons habiter se trouve au-dessus de l'agglomération. Il fait face aux massifs élevés de la chaîne des Spiti. La population, composée d'indigènes mi-indous, mi-thibétains, habite des masures d'une saleté extrême, mais qui ne manquent pas de cachet.

PULGA, *18 mai*. — Ce matin, afin de nous rendre compte de la faune ornithologique et la comparer à celle des derniers pays traversés, chasse générale aux oiseaux. Sous ma direction, dans l'après-midi un certain nombre d'indigènes recherchent des spécimens entomologiques. Nous rentrons le soir avec une fructueuse récolte.

19 mai. — Départ avec Jean, à 5 heures, sous la conduite d'un shikari local ; nous allons chasser, et surtout observer,

SIMLA : LA VILLE

MA CARAVANE AU PIED DES HIMALAYA

BUNGALOW DE JUGAT KHANA

ROUTE DANS LES ENVIRONS DE KANDULU

les écureuils-volants et les différents animaux aux mœurs intéressantes qui vivent dans ces forêts, presque à la limite des neiges.

Après avoir traversé trois torrents, nous commençons l'ascension de la montagne. Malgré la forte déclivité du sol, nous marchons assez facilement et, après une longue montée, nous nous trouvons au cœur des bois. Des lophophores aux brillantes couleurs partent de tous côtés. Est-ce essoufflement ou maladresse ? Nous les manquons ensemble. Un peu plus loin, à l'entrée d'une clairière, Jean abat deux corbeaux au plumage bigarré, que je ne connais pas. Nous sommes arrivés à la limite des sapins et nous traversons de larges prairies alpines encore couvertes de neige. Nous y relevons des traces d'ours toutes fraîches. Escaladant une crête voisine, nous prenons pied sur un sommet et nous déjeunons au bord d'une mare gelée. Le panorama est grandiose. La vue s'étend au loin sur une chaîne circulaire, dont les pics inégaux, revêtus de blancheur, se silhouettent dans l'azur avec un relief saisissant. Au-dessous de nous, des torrents étagent leurs superbes cascades ; leur ruban argenté semble se perdre ensuite parmi les forêts de sapins. Plus bas encore, de riantes vallées ou de sauvages gorges, d'où nous vient le bruit sourd des eaux, se dessinent en traits légers.

Cependant le temps passe. Le soleil qui nous brûle nous rappelle avec à-propos que nous sommes aux Indes, et nous remarquons le contraste frappant entre la chaleur tropicale et la neige que nous foulons. A 4 heures, après avoir exploré la crête où nous prîmes notre repas, nous recommençons à descendre, contournant cette fois la montagne dont les plantes bulbeuses offrent une nourriture excellente aux nombreux plantigrades de ces régions. Après une courte halte, nous reprenons notre marche et nous avons soudain la surprise de découvrir un ours noir de taille gigantesque, arrêté au milieu d'une clairière, à quelques centaines de mètres de nous. Nous descendons avec mille précautions; mais au moment où nous sortons du bois, nous constatons avec ennui que le grand fauve n'est plus là. Ne pouvant le suivre à la trace à cause de l'épaisseur des broussailles, nous reprenons la direction du bungalow. Harassé de fatigue, souffrant d'un violent mal de tête que j'attribue à l'action de l'eau de neige absorbée après le repas, je marche avec une peine infinie. A la nuit tombante, nous apercevons tout à coup deux magnifiques écureuils-volants. L'instinct du naturaliste reprend alors le dessus; je ne pense plus qu'à l'observation scientifique en vue de laquelle nous avons quitté le camp et j'étudie avec passion les gestes de l'un des rongeurs, tandis que Jean se met à la poursuite du deuxième.

Après un laps de temps assez long, au cours duquel j'ai eu le loisir d'observer attentivement le mien, j'épaule ma carabine et je fais feu. L'animal est blessé, mais pas assez grièvement, et je dois le suivre dans les rochers où je réussis enfin à l'abattre. L'effort que je viens de fournir m'a du reste épuisé. Je perds connaissance et Jean doit me prodiguer des soins énergiques pour me rappeler à la vie.

Nous repartons à pas très lents. L'obscurité est maintenant complète. Aussi retrouvons-nous avec peine le sentier suivi au départ. Pour comble de malchance, il nous arrive de perdre pied. Comme je vais, appuyé sur Jean, nous roulons au bas d'une pente rapide. Fort heureusement l'un de nous réussit à s'accrocher à de fortes racines; nous reprenons haleine et nous regrimpons vers le sentier. Nous atteignons le bungalow sans nouvel incident.

20 mai. — Recherches dans les environs immédiats du village. Au cours de la soirée, je vais faire de l'entomologie. Je rapporte quelques bonnes espèces. Jean est allé chasser en compagnie de Simon. Il me dit en rentrant que notre glissade d'hier aurait pu nous être fatale. Un mètre plus bas, nous aurions glissé dans un précipice d'une profondeur de 100 à 150 mètres.

21 mai. — Recherches entomologiques et herpétologiques. L'après-midi, prévenu par l'un de mes shikaris, je vais au-dessous du village, à la poursuite d'un écureuil-volant qui se trouve caché au creux d'un arbre. Je heurte fortement le tronc; l'animal montre sa tête, mais refuse de sortir. A force de secouer l'arbre, j'obtiens un meilleur résultat. L'écureuil prend son élan, mais avec une soudaineté tellement déconcertante, que je n'ai pas le temps de faire feu. Le terrain étant en pente, l'animal fait un vol plané de près de 200 mètres avant de disparaître dans les bois. Le reste de la journée est consacré à la confection d'une boîte destinée à des serpents vivants que je garderai pour le Muséum.

29 mai. — J'envoie Jean et Simon à Garam-Pani, localité qui doit son nom aux sources chaudes qui alimentent le cours supérieur de la Parvâti. Cette rivière n'est alors formée que par les ruisselets qui descendent des monts Spiti. Des ours et de nombreux gallinacés vivent dans ces parages. J'espère qu'ils m'en rapporteront une ample récolte, tandis que de mon côté je m'occuperai des écureuils, de la faune locale et des serpents.

J'ai du reste fait dire que j'accorderai une prime à tout indigène qui me dénoncera la présence d'un écureuil. Un indigène vient donc me chercher après le déjeuner. Il doit me montrer plusieurs de ces rongeurs. Je le suis avec une confiance médiocre, et je n'ai pas tort; car nous ne voyons nulle part les écureuils en question. En revanche, je capture deux serpents, l'un dans un champ de blé, le second au bord du torrent.

Le soir, un berger m'apprend qu'un ours a tué plusieurs veaux de son troupeau, à 2 ou 3 milles de distance. Nous essaierons, au petit jour, de surprendre l'animal, que nous trouverons probablement en train de dévorer les restes de ses victimes.

23 mai. — Dès 4 heures et demie du matin, je quitte le bungalow, avec mon saïs Chigrou, petit homme nerveux et bronzé. Je le crois brave et c'est du reste le seul de mes indigènes sur lequel je puisse compter en cas de combat singulier avec le grand fauve. Après une marche rapide, nous atteignons la partie supérieure de la forêt, à la lisière de laquelle l'ours s'est livré à ses exploits. L'animal est déjà parti. Nous prenons sa piste, en compagnie du propriétaire des veaux, qui ne demande qu'à être débarrassé de son incommode voisin. Nous descendons dans un ravin abrupt, et nous nous glissons sous un amoncellement d'arbres morts. C'est là l'un des repaires de l'ours. Ne le trouvant pas au gîte, nous continuons à suivre sa piste. Elle nous fait traverser de bien mauvais passages, d'ailleurs en pure perte. Le fauve demeure invisible.

Vers midi, nous rentrons au camp. Je le quitte après le déjeuner, afin de tirer, si possible, un nouvel écureuil. Je fais abattre l'arbre où se cachait celui qui m'a joué hier de façon si plaisante. Je fouille le tronc avec l'espoir inavoué d'y trouver des petits. Je ne vois ni petits ni grands. Au bruit provoqué par la chute de l'arbre, seule une chauve-souris, d'une espèce intéressante, s'en échappe. Un indigène s'en empare. J'envoie Sher Khann poser des pièges à ours, dans la partie de la forêt explorée ce matin.

24 mai. — Je suis debout de bonne heure, attendant le retour de mon taxidermiste indigène. Il arrive au camp vers

9 heures, ayant capturé un renard. Cet animal a dû se prendre de bonne heure et c'est lui, probablement, qui a mis l'ours en défiance, car les traces laissées par le fauve démontrent clairement qu'il a rôdé autour des appâts.

Vers 5 heures de l'après-midi, je vais au-devant de Jean, qui doit rentrer ce soir. Je le rencontre peu après le passage de la Parvâti. Nous revenons ensemble et nous chassons les oiseaux, dont mon préparateur abat trois jolis spécimens.

25 mai. — Après avoir terminé nos préparatifs, — nous voulons remonter le cours d'un affluent de la Parvâti, — nous quittons le camp et nous traversons la rivière. Nous escaladons le versant opposé et nous suivons la rive dans la direction du nord. Nous pénétrons bientôt dans une vallée que nous remontons à travers de belles forêts de sapins. Nous installons le campement au haut d'une longue et forte rampe, qui aboutit à une sorte de cirque rocheux. Le pays environnant est sauvage et je pense qu'il fournira à ma collection quelques sujets intéressants.

CAMP DE TCHO TI-TCHO NALA, *26 mai*. — Aussitôt après la visite matinale à nos pièges, nous plions nos tentes et remontons le cours du Tcho, que nous suivons pendant quelques instants, nous élevant peu à peu pour redescendre ensuite vers la même vallée. Nous cheminons à mi-côte, à l'ombre des sapins.

Tout le long du parcours le paysage est magnifique. A chaque pas nous rencontrons des cascades d'où jaillissent de nombreux ruisseaux. L'eau étincelante rebondit souvent à plusieurs mètres de hauteur et retombe dans des gouffres obscurs où elle s'éloigne en grondant. Après deux heures de marche, nous prenons pied sur un plateau entouré de cimes

neigeuses. Le sol est recouvert d'une multitude de fleurettes,
dont le climat a renforcé les teintes. Tout près de nous, les
derniers contreforts des forêts de sapins s'accrochent aux
flancs escarpés des montagnes, tandis que, plus haut, les
rochers se dressent à pic, encadrant les glaciers aux étincelantes lueurs.

Vers l'est, un affluent du Tcho sépare deux énormes massifs, nous ouvrant dans cette direction une nouvelle voie. Le
torrent lui-même nous permettra de pousser vers le nord sans
difficultés immédiates. Cet endroit me paraît propice aux
recherches. Nous nous installons donc à la limite nord du
plateau, près d'un énorme rocher qui nous abritera des coups
de vent, toujours à craindre à cette altitude.

TCHARI DJONY, *27 mai*. — Nous consacrons la matinée à
l'étude de la végétation des prairies himalayennes. Jean et
Simon partent ensuite à la recherche des chèvres sauvages,
sous la conduite de deux shikaris qui ont aperçu ces animaux
et qui viennent de les signaler. Me trouvant dans l'impossibilité de les suivre, en raison d'une chute que j'ai faite hier
et qui me vaut une claudication légère, je m'occupe du paie-
ment des nombreux porteurs, qui, au cours des dernières
étapes, ont dû remplacer les chevaux.

Je fais rassembler ces hommes et je prie mon intendant indigène, Sheck Hoosen, de leur remettre leur salaire, pendant
que sous ma tente je prépare mon matériel. Je viens à peine
de revoir les appareils nécessaires à la capture des insectes,
que des cris bruyants m'amènent à sortir. Mon malheureux
émissaire est au milieu de la foule hurlante des montagnards.
Ceux-ci refusent la solde fixée et essaient, par la menace, de
se faire donner le double. Je m'avance vers le groupe le plus
hostile et je dégage l'intendant. Je saisis ensuite par le bras
l'un des plus excités et je lui demande la raison pour laquelle

il refuse la solde fixée par le gouvernement britannique. L'homme ne répond pas, mais, me voyant seul, ses compagnons se mettent à vociférer de plus belle. J'ai l'impression très nette que les choses vont se gâter. Sans affectation je tire alors mon revolver, et, après l'avoir examiné, je le remets à sa place. Je crie ensuite aux porteurs qui ont quelque chose à réclamer de sortir du groupe et de venir devant moi.

A ma grande surprise, personne ne bouge, mais, après un temps de silence, l'un des hommes s'avance respectueusement et me dit qu'aucun de ses camarades ne refuse sa paye, mais que, étant donné le terrible parcours qu'ils ont eu à effectuer à ma suite, ils s'en remettent à ma générosité. Les choses ont pris une bonne tournure. J'ai besoin de ces porteurs, qui vont rentrer chez eux et reviendront prendre mes colis pour le retour. J'accède donc à leur désir et la paye se continue sans encombre.

A la nuit, mes deux chasseurs rentrent bredouilles. Ils ont vu huit moutons et six chèvres sauvages, mais ils n'ont pu les approcher, à cause du vent qui leur était contraire et malgré leur pénible ascension sur l'une des hautes montagnes qui nous font face du côté de l'est. Le retour par le même versant étant impraticable, ils ont dû traverser le massif tout entier, pour redescendre sur le versant du Tcho, ce qui les a considérablement retardés.

28 mai. — Jean et Simon repartent à la pointe du jour pour le lieu où ils ont aperçu hier les chèvres sauvages. A leur retour ils me content les péripéties de leur chasse. Ils ont surpris, au bord d'un précipice, un superbe léopard blanc et l'ont abattu de deux balles au bon endroit. Sous le choc des projectiles, la bête a culbuté et c'est avec la plus grande difficulté qu'ils sont parvenus à retrouver le corps du joli félin. A la suite des détonations, l'ébranlement de l'atmosphère a failli leur coûter la vie. Une avalanche se produisit et un bloc de neige roula fantastiquement dans leur direction, au moment où ils descendaient. Ils eurent juste le temps de se réfugier sous un rocher, pendant que pierres et neiges passaient à quelques mètres de leur abri.

29 mai. — Très fatigués par leurs excursions récentes, mes compagnons restent au camp.

Dans le courant de l'après-midi, je vais faire, avec Jean, un tour dans la forêt. Nous apercevons plusieurs muscs; mais nous ne pouvons les tirer au milieu des broussailles où ils disparaissent avec vélocité.

30 mai. — Jean et Simon sont repartis, le premier pour la montagne du léopard blanc, le second pour une destination inconnue. Je passe la matinée à prendre des papillons. Après le déjeuner, je visite une forêt dans laquelle un de nos shikaris a aperçu un ours et des lophophores. Une furieuse bourrasque nous force à rentrer avant d'avoir atteint le but que nous poursuivions.

Simon, déjà rentré, a vu pour sa part cinq ibex *(Capra caucasica)* qu'il n'a pas pu approcher. Il rapporte trois œufs que couvait une perdrix à poitrine rouge *(Cacabis chucar)*, le mâle restant auprès de sa femelle. Dans la même région il a levé des perdrix grisâtres, qui avaient, de loin, beaucoup de ressemblance avec nos lagopèdes *(Lerwa)*.

Jean revient à la nuit. En remontant la cinquième rivière, sur le versant opposé, il a vu une bande de moutons sauvages que semblait garder un vieux bouc, perché en sentinelle sur un rocher. Une balle bien placée culbuta l'animal; mais le mauvais temps ne permit pas au chasseur de retrouver sa victime, tombée au fond d'un précipice.

FORTIN PRÈS DE SUHAR GHAT

MANDI

MANDI : VUE DE LA RIVIÈRE

CARAVANE DE MOUTONS THIBÉTAINS SE RENDANT AUX INDES

31 mai. — Repos général. Je dirige les équipes de chercheurs entomologistes pendant toute la journée.

1er juin. — Jean et Simon sont repartis visiter les groupes nord-est des Spiti, pendant que de mon côté j'étudie la faune des montagnes à l'ouest.

Guidé par mes pisteurs thibétains, je traverse la forêt de sapins qui se trouve à l'opposé du camp. Nous suivons d'abord une piste de musc qui nous entraîne sur de hauts plateaux recouverts d'herbes sèches. Nous grimpons ensuite parmi les rochers, mais sans trouver notre gibier. J'en profite pour noter avec soin tous les animaux que nous rencontrons, ainsi que ceux dont des traces indéniables révèlent la présence dans ces contrées.

Après le déjeuner, mon saïs Chigrou me montre une petite colonie de rongeurs. Ces curieux animaux vivent dans la partie la plus rocheuse de la forêt.

Le soir, en arrivant au campement, je retrouve Simon. Il est furieux d'avoir manqué une troupe de dix chèvres sauvages. Jean nous rejoint quelques instants plus tard. Il rapporte un superbe chevrotin porte-musc dont la dépouille enrichira le Muséum.

2 juin. — Au petit jour, je me mets à l'affût, afin de surprendre les rongeurs découverts hier. Je tiens à m'emparer de quelques individus de cette espèce. J'ai la joie d'y parvenir.

Nous partons dans la soirée, Jean, Sher Khann et moi, dans des directions différentes. Nous voudrions chasser les muscs; mais, malgré de pénibles ascensions en forêt, nous rentrons sans avoir tiré autre chose que des oiseaux.

3 juin. — Je possède assez de documents sur la faune de la région. Aussi, mes porteurs étant revenus cette nuit, quittons-nous Tchari-Djony et retournons-nous à Pulga, franchissant en un jour, à cause de la descente, les deux étapes parcourues avec peine à l'aller.

Durant la première partie du trajet, nous capturons de très beaux insectes et des papillons en grand nombre. Nous découvrons aussi, au milieu des halliers, de longues haies artificielles percées de trous, où des braconniers ont placé des lacets, dans le but évident de capturer des muscs.

La seconde partie du trajet a lieu sous la pluie. Nous ne pouvons tirer que quelques oiseaux.

A Pulga, j'ai de nouveau des difficultés avec les coolies. Ils veulent se faire payer les deux étapes, bien qu'ils ne soient restés à mon service qu'un seul jour, ce qui, aux termes de notre contrat, entraîne le payement d'une somme déterminée. Aidé par le chef du village, je parviens cette fois encore à remettre les choses au point et à retenir les mécontents.

4 juin. — Nous quittons le bungalow de Pulga vers 8 heures et nous descendons à Manikaram. Le chemin a été remis en état sur plusieurs points de son parcours. Cette circonstance nous permet de charger normalement les chevaux et de réduire de moitié le nombre des coolies récalcitrants. Le torrent étant en pleine crue, le paysage est extrêmement pittoresque. Je m'arrête plusieurs fois dans les gorges pour admirer ce cours d'eau impétueux.

A Manikaram, j'apprends que depuis notre passage un ours a tué plus de trente moutons. Je décide de rester un jour dans ce pays, afin d'essayer de joindre le fauve.

Dans la soirée, je vais à la poursuite des singes, dont la présence m'est signalée.

5 juin. — A 3 heures du matin, nous quittons le bungalow. Sher Khann nous conduit au village où se trouve le shikari qui nous a signalé l'ours. Un peu avant le lever du jour, nous frappons à la porte de la cahute habitée par cet indigène. Nous avons quelque peine à le réveiller. Après d'assez longs pourparlers, l'homme se décide pourtant et nous guide à travers la montagne. La lumière du matin nous trouve en train de gravir une pente rocheuse presque perpendiculaire.

Arrivé sur la crête, l'homme paraît hésiter. Il me montre tour à tour plusieurs directions, mais d'un air indécis. Nous avons la bonne fortune de rencontrer à ce moment des bergers, auxquels je demande de quel côté se trouve le repaire de l'ours. Ils se regardent avec un sourire incrédule : « Yahan bha lu nahin hai Ṣab' » (1), me disent-ils, pendant que notre pseudo-shikari disparaît avec prudence et célérité.

Nous avons été joués par cet indigène qui avait cru devoir raconter une histoire impossible au crédule Sher Khann. Pour ne pas perdre notre matinée, nous chassons les oiseaux dans les environs. Nous ne capturons rien d'intéressant. Vers 8 heures, nous sommes de retour au bungalow.

6 juin. — Au départ de Manikaram, la pluie nous accueille. Elle nous suit jusqu'à Ghary. Quelques éclaircies nous permettent cependant de sécher nos effets au soleil. L'après-midi est marquée par la perte d'un petit renard apprivoisé que nous avions capturé à Pulga. Nous nous y étions attachés.

7 juin. — Départ pour Tchong. Au cours de mon premier passage, j'ai dû, cédant aux prières instantes d'un indigène, usurper la qualité de médecin. Aussi n'est-ce pas sans appréhension que je reviens dans ce lieu. Pourvu que je ne me sois pas trompé dans mon diagnostic et n'aie pas envoyé *ad patres* quelques-uns de mes clients d'occasion !

_____

(1) Ici il n'y a pas d'ours, monsieur.

C'est même avec un peu de colère intérieure contre mes muletiers bavards qui ont fait ma réputation médicale en colportant l'histoire du cobra et du muletier, que je monte à cheval et que je pique des deux. Un peu avant midi, j'atteins le village. Un violent orage se déchaîne à ce moment.

A peine suis-je à l'abri, que le chef du hameau, prévenu par je ne sais qui, vient me souhaiter la bienvenue et me présenter un nouveau lot d'éclopés, parmi lesquels un paralytique! — « Vous avez si bien soigné les autres, Sab, que vous ne pouvez pas ne pas guérir ceux-ci! » Le brave homme est très convaincu. J'ai beau lui expliquer que je ne jouis pas d'un pouvoir divin, il répond à chacune de mes objections par de nouvelles prières et finit par me dire que si je peux sauver quelqu'un du venin d'un cobra noir, je peux à plus forte raison guérir des maladies moins dangereuses et dont l'issue n'est pas toujours fatale.

Désespérant de pouvoir faire comprendre à ces pauvres gens que je ne puis rien, ou pas grand'chose, pour eux, je me vois obligé une fois de plus de donner une consultation en plein air. Je fais donc appel à toutes les notions de médecine générale que ma vie de voyageur m'a apprises, et passe la visite de mes trop nombreux clients. Par exemple, je leur donne le moins possible de drogues, leur recommandant des mesures d'hygiène qui ne pourront leur faire que du bien.

La note comique est donnée par une vieille femme qui, soulagée d'un mal de dents par l'absorption d'une forte dose d'aspirine, se jette à mes pieds en signe d'adoration. Ma puissance s'étant affirmée par ce cas, je n'ai plus à me défendre. Plusieurs indigènes, que je n'ai pas guéris, commencent à me regarder de travers. Je leur donne généreusement un cachet d'aspirine, et comme la caravane a dépassé le village, je m'empresse d'expédier mon dernier client, et

me mets en selle, en poussant un soupir de satisfaction. Mes
muletiers ont sur moi une certaine avance. L'état du sentier
ne me permet pas de pousser ma jument. Par surcroît de
bonheur, un nouvel orage se déchaîne, qui me trempe jusqu'aux os. C'est sous un véritable déluge que je traverse, au
bas de la montagne, le pont jeté sur la Beas et prends au
galop la route de Koulou à Bajaura.

En l'absence du colonel, toujours à Naggar, son babou me
remet le courrier d'Europe et les clefs du petit bungalow. Je
m'y installe avec joie après m'être séché devant un bon feu.

CHAPITRE VI

BAJAURA, *8 juin*. — Le temps est resté couvert depuis hier. Aussi la température est-elle supportable (24" à midi ; bar. 641). Nos recherches dans les environs en sont facilitées.

10 et 11 juin. — Préparatifs divers en vue de notre départ pour les hautes régions du Ladack. Je m'entends avec les muletiers au sujet des chevaux qui me seront nécessaires. Comme ces animaux devront trouver leur nourriture sur place, nous décidons de former deux caravanes, dont la seconde nous ravitaillera en un point donné. De cette façon nos poneys trouveront plus facilement leur provende sur les plateaux très élevés où elle est rare, et l'herbe aura le temps de repousser entre l'époque de notre passage et celle où nous serons rejoints par le ravitaillement.

Nous faisons l'inventaire de nos provisions et dressons la liste de tout ce qui nous manque. Nous l'achèterons demain à Koulou.

12 juin. — Je quitte Bajaura avec Simon et le babou du colonel. Longeant les marais de la Beas et dépassant un peu plus loin le croisement de la route de Pulga, nous remontons la rivière. La route que nous suivons est abritée par deux rangées de grands arbres. Durant les deux premiers tiers du parcours, l'aspect du paysage ne change pas. Ce n'est qu'un peu avant d'arriver à Sultanpour (Koulou) que l'on quitte la prairie formant le fond de la vallée. De chaque côté, les flancs des montagnes sont recouverts de forêts alternant avec des pentes rocheuses plus ou moins arides. Le pays devient alors plus pittoresque et la vue a accès, par la vallée de Naggar, jusqu'aux neiges étincelantes qui couvrent le col du Rotang.

A Sultanpour, nous laissons nos chevaux au bungalow. Je me rends au dispensaire local, où un médecin indigène fort intelligent me procure les médicaments dont j'ai besoin. Il me fait ensuite visiter son petit hôpital, admirablement agencé et qui doit rendre d'inappréciables services. Ce jeune médecin, expert en chirurgie, me présente avec fierté plusieurs de ses opérés récents. Tous paraissent en bonne voie de guérison.

La plus difficile de toutes nos emplettes consiste en l'achat de vêtements chauds pour mon personnel indigène. Sultanpour est composé de trois bazars (groupes de maisons), dont le premier est situé dans la vallée, le second au haut d'une montagne qui s'avance jusqu'au bord d'un torrent; le troisième, enfin, bâti au bas du versant opposé. Nous devons errer pendant toute la matinée à travers la ville pour trouver ce que nous cherchons.

L'agglomération est coupée par de petites ruelles malpropres mais assez curieuses. Il y règne une atmosphère indéfinissable qui finit par gêner. C'est avec plaisir qu'après trois heures de « shopping », comme disent nos bons amis les Anglais, nous terminons nos achats et regagnons le bungalow. Après un assez bon déjeuner froid, nous repartons pour Bajaura.

13 juin. — J'ai l'intention de quitter définitivement le versant indien de l'Himalaya dans une dizaine de jours. C'est pourquoi je pousse activement les recherches des spécimens zoologiques. Nous visitons à nouveau, aujourd'hui, les bords de la rivière, où nous trouvons, avec quelques oiseaux rares, d'intéressants coléoptères cicindelidæ, qui se plaisent dans les terrains sablonneux.

14 juin. — Une des principales fêtes du pays a lieu à trois milles de notre habitation. Nous décidons d'y aller afin d'observer les curieuses coutumes des indigènes de la région. Pour la circonstance, ces derniers auront sans doute revêtu leurs plus beaux costumes et il nous sera facile d'augmenter de plusieurs clichés notre collection photographique.

Nous quittons le bungalow après le déjeuner et nous sommes bientôt rendus. Une foule très dense environne l'emplacement réservé aux danseurs. Au centre d'un vaste cercle, un groupe de musiciens fait entendre une cacophonie sans précédent. Les danseurs, se tenant par la main, forment une longue chaîne qui se déplace en cadence, sur un rythme lent. Chacun d'eux se prosterne au passage devant une idole, mais sans interrompre la figure chorégraphique. Cette dernière est du reste des plus simples.

Un autre groupe d'indigènes, précédé d'une sorte de premier sujet de la danse, qui agite un mannequin grossier représentant une divinité indoue, vient se placer auprès du premier groupe et se met à tourner en sens inverse, salué par les génuflexions des danseurs du premier groupe. Ce spectacle devient rapidement monotone. Les femmes indigènes, assises à terre et recouvertes d'une bijouterie sans valeur, contemplent leurs seigneurs et maîtres.

Un peu plus loin, à l'ombre de grands arbres, des balançoires primitives attirent beaucoup d'amateurs. Pour quatre ou cinq pies, on a droit à dix minutes d'un sport qui a de quoi faire réfléchir le plus téméraire des casse-cou! Nous suivons la foule qui se porte vers un espace resté libre, et nous allons assister au clou de la réunion. Les muletiers du pays doivent jouer une partie de polo sur la grande pelouse où l'on a déjà installé des tentes sous lesquelles on sert à boire de la bière de riz. A peine sommes-nous arrivés sur la piste, que l'on donne le signal du jeu. Les cavaliers s'élancent à la poursuite de la balle et la partie va bon train. Les adversaires se disputent ardemment la victoire, acclamés par les spectateurs en délire.

Nous prenons quelques photos de cet événement sportif, où mes caravaniers se distinguent, enlevant de haute lutte le trophée du tournoi, et nous allons passer en revue les étalages des marchands ambulants où s'entassent d'innombrables sucreries, des bibelots d'origine et beaucoup de bijoux en... fer-blanc.

Nous sommes de retour à Bajaura pour le dîner.

15 juin. — Chasse dans les environs et recherches entomologiques.

J'apprends, avec surprise, qu'à cause des fêtes les indigènes ne travaillent sous aucun prétexte pendant plusieurs jours. Les commandes que j'avais faites en vue de notre départ ne pourront être exécutées qu'à l'expiration de cette période de réjouissances.

16 juin. — Réception du courrier de France. Écritures diverses. Jean me propose de retourner au col de Kandy pour y chasser sa fameuse panthère, qu'il voudrait bien abattre. Après m'être fait un peu prier, je cède et mon aimable compagnon peut partir, tout heureux.

Après dîner, nous recevons la visite d'un vieux mendiant indigène. Il nous donne une représentation fort amusante de ce qu'il appelle « la danse du Ménal ». A l'extrémité d'un bâtonnet, il fait danser un petit mannequin représentant un lophophore, qui est mû par un fil invisible répondant au raclement d'une sorte d'archet sur un banjo primitif.

17 juin. — Nous commençons à préparer l'envoi en Europe des spécimens récoltés jusqu'à ce jour. Comme nous n'avons pas assez de caisses, j'envoie un homme à Koulou pour acheter des planches. Il donnera ces dernières à un menuisier du pays qui confectionnera les boîtes dont nous avons besoin.

18 juin. — Ne pouvant pas continuer nos emballages, nous allons chasser dans les marais du colonel, où nous posons un grand nombre de pièges, ainsi que des trappes à insectes. Nous rentrons en suivant les bords de la rivière, et Jean tire un martin-pêcheur géant.

19 juin. — J'ai réuni tous les matériaux pour la confection de mes caisses; mais le menuisier demeure introuvable. Toujours le chômage provoqué par les réjouissances. Comme mon boy insistait pour le voir, on lui a répondu d'un air digne que le praticien était occupé à danser.

Pendant la matinée, nous allons relever nos pièges. La capture est de peu de valeur. Nous les tendons de nouveau. En rentrant, je surprends un serpent de belle taille au moment où il dévalisait un nid d'oiseaux. Ayant sur moi mon vérascope, je pus prendre deux photos de la scène, après quoi j'exterminai le reptile à l'aide d'une cravache.

20 juin. — Je suis tiré du sommeil à 4 heures. Simon m'apprend qu'un homme du village vient d'être mordu par un cobra et qu'il demande à être soigné. Je me lève aussitôt et, après avoir injecté au blessé 10 centimètres cubes de sérum

Calmette, je me fais raconter les circonstances dans lesquelles il a été piqué. « — Je dormais sur le sol, me dit-il, dans une écurie du colonel, roulé à terre dans ma couverture, lorsque, ayant fait un mouvement, je sentis à un doigt de pied une violente morsure et j'aperçus un gros serpent qui s'enfuyait sous la porte. Je me suis alors rappelé que vous aviez guéri un de vos muletiers et je suis venu sans retard... »

Je fais coucher l'homme et je lui recommande de combattre le sommeil et de me faire appeler s'il allait plus mal. Au cours de la matinée, les traces d'empoisonnement disparaissent sous l'influence du sérum.

Je vais au-devant de Jean que je trouve sur le chemin de Kandy. Le pauvre garçon est navré. Il n'a pas tué sa panthère, bien qu'il l'ait aperçue à l'heure du retour, alors qu'il était désarmé. Le félin chassait l'antilope et il a pu l'observer à loisir à moins de 200 mètres. Il rampait pour se rapprocher de sa proie, se dissimulant derrière les rochers, se dressant parfois sur les pattes de derrière pour mieux calculer la distance qui le séparait du plus rapproché des gorals. Ce dernier dut flairer le danger, car il s'enfuit à temps avec le reste de la troupe. Arrivées à une courte distance, les jolies bêtes se contentèrent de surveiller leur ennemi et de s'en éloigner chaque fois que le félin s'avançait dans leur direction.

21-23 juin. — Le menuisier a enfin livré ses caisses et nous pouvons envoyer nos derniers colis à Jubbulpore. Nous emballons également nos provisions et les séparons en deux parts dont nous faisons des paquets ne dépassant pas le poids d'une charge.

Tout ce qui doit échoir à la caravane de ravitaillement est ensuite rangé dans un petit cellier. Les denrées que nous prendrons avec nous sont mises sous la véranda d'où elles seront chargées directement sur les bêtes de somme qu'Ibraïm a rassemblées et qu'il nous amènera dès demain.

24 juin. — Dès l'aube, les muletiers d'Ibraïm ont amené leurs poneys. A mesure qu'ils sont chargés, on les rassemble dans un enclos voisin. Tout ne marche pas absolument à souhait. Chaque propriétaire d'un lot de chevaux cherche à éviter les objets lourds ou encombrants. Après bien des palabres, tout est prêt et nous quittons définitivement Bajaura. Nous nous dirigeons vers Sultanpour, où je rencontre le capitaine W... que j'ai le plaisir de recevoir à ma table.

Le soir, je trouve un magnifique saturnide et envoie mon guide, Sher Khann, et Gopy, avec la lampe à réflecteur, faire une chasse aux insectes nocturnes qui donne d'excellents résultats.

25 juin. — Après avoir fait en ville quelques nouveaux achats, nous partons à 3 heures. Le convoi part pour Katraïn, sous les ordres d'Ibraïm, à qui je donne des instructions pour qu'il se trouve demain à Manoli, dernier village avant les montagnes de Lahoul.

Faisant un léger détour, je me rends à Naggar pour saluer et remercier l'aimable colonel R..., qui m'a été d'une très grande utilité depuis mon arrivée dans l'Himalaya. La route, qui de Koulou mène chez lui, est assez pittoresque. La vallée, considérablement rétrécie, est devenue plus verte. Dans les endroits humides, la végétation est touffue et de véritables maquis d'arbres aux troncs énormes remplissent les creux dessinés par les montagnes qui surplombent le torrent. Le chemin traverse de petits bois extrêmement fourrés et mélangés de plantes aquatiques. Cette partie du trajet se mue en une agréable promenade, qui me rappelle certains aspects de notre vieille France, difficilement oubliés en dépit de tout ce que la nature a fait pour ces contrées tropicales, souvent comparées, et dignes de l'être, à quelque merveilleux Éden.

Un peu avant d'arriver à Naggar, nous devons traverser le torrent. Nous nous élevons ensuite, par une série de lacets, jusqu'au sommet d'un monticule, par où nous prenons pied sur une nouvelle chaîne de montagnes que nous longeons à mi-hauteur. Du point où nous sommes, notre regard découvre de vastes étendues de terrain. La région est riche en cultures de thé, qui étagent au-dessous de nous leurs gradins, coupés de nombreuses rizières. L'aspect général est curieux ; il nous fait songer aux cultures du midi de la France. Par contre, sur les hauteurs, l'aspect du sol est grandiose. Les forêts de sapins alternent avec des rochers géants, et ce contraste donne au tableau je ne sais quelle sauvage grandeur.

Nous arrivons chez le colonel à l'entrée de la nuit. Je peux cependant admirer son jardin, véritable merveille, où les plus belles fleurs d'Europe voisinent avec de curieuses plantes indigènes, parmi lesquelles des lis de la Madone d'une exceptionnelle beauté.

Au point de vue de la faune, Naggar peut être comparée à Jari. A peu de chose près, les mêmes animaux se retrouvent dans les deux contrées, qui manquent également des espèces réservées aux régions plus basses ou plus élevées. Il est situé géologiquement à la limite occidentale de l'îlot Puranien signalé à Manikaram.

26 juin. — Je passe la matinée à chercher des insectes dans le jardin et j'en fais une fructueuse récolte. Après avoir salué le colonel et sa charmante jeune femme, je me mets en route pour rejoindre la caravane.

Je suis, à flanc de coteau, la rive gauche de la vallée et marche assez longtemps avant d'atteindre un gué. Je traverse alors la rivière et retrouve sur l'autre rive la route muletière

de Koulou à Manoli. Cette route traverse des sous-bois délicieux.

Le village de Manoli est composé de quelques cabanes en
planches. Il est situé dans une clairière, au bord même du
torrent, non loin des quelques rares champs de céréales qui
s'étagent sur le flanc de la montagne, dans les espaces laissés
libres entre les magnifiques forêts de conifères.

Avec le goût qui caractérise ses semblables, Ibraïm a
dressé mon camp à l'orée d'une de ces forêts, composée en
majeure partie de cèdres majestueux. Deux de ces arbres
abritent sous leur feuillage tout le campement. Les cimes
environnantes, malheureusement enveloppées de nuages,
nous cachent le fond du tableau. A travers de rares éclaircies,
nous apercevons cependant de temps à autre les sommets les
plus élevés. Ils ne le cèdent pas, en beauté, aux cimes merveilleuses des montagnes de Pulga.

MANOLI, *27 juin.* — Réveil dans le brouillard. Ce dernier
se dissipe un peu avant midi et j'en profite pour aller faire une
visite au major Ferrar, chef de district et lépidoptériste distingué. Il campe, du reste, dans un lieu très rapproché de notre
propre campement. Ce haut fonctionnaire m'offre aimablement de jolis papillons qu'il a capturés dans la vallée de Garsa ;
la faune de cette région accuse de très grosses différences
avec celle des vallées voisines. On y trouve, en effet, beaucoup
d'espèces exotiques. Mon hôte me fait remarquer que certaines espèces sont plus grandes et plus pâles pendant la
saison sèche, alors que pendant la saison des pluies elles sont
plus petites et plus colorées. Certaines, même, changent au
point que l'on en faisait autrefois des variétés différentes ; la
cause du changement constaté paraît être due simplement à
un effet de milieu dû en partie à la nourriture des chenilles.

A mon retour au camp, je fais la connaissance d'un planteur, charmant vieillard, qui a eu l'excellente et délicate pensée de m'offrir des légumes et des fruits. Il me donne de précieux renseignements sur la faune mammalogique de l'endroit et me montre plusieurs spécimens, parmi lesquels un hémitragus, des ibex et deux espèces du genre ovis. Le soir, nous faisons une ample récolte d'insectes qui, attirés par nos lampes, s'offrent facilement à nos appareils.

28 juin. — Nous levons le camp à 9 heures et nous nous dirigeons vers un petit refuge appelé Koti. Précédant le convoi, je prends, avec mes compagnons, la petite route qui, après avoir traversé le torrent, suit l'une de ses rives. Le chemin est très pittoresque. Le paysage est, du reste, de plus en plus montagneux. Après avoir suivi la vallée pendant 3 milles, nous côtoyons un large espace découvert et pierreux, formé par un affluent du torrent. La vue s'élève des deux côtés jusqu'aux neiges qui recouvrent des pics de de 5 à 6 000 mètres d'altitude.

Notre chemin devient de plus en plus étroit. Les versants rocheux de la vallée sont cependant recouverts de forêts de conifères, masquées à chaque instant par d'énormes roches. La largeur de ces dernières étrangle parfois le sentier jusqu'à nous laisser à peine la place nécessaire pour y circuler à cheval.

Plus haut, nous admirons de gigantesques cascades qui se précipitent du haut d'une véritable muraille rocheuse et se réunissent pour se jeter ensemble dans les eaux tumultueuses mais limpides du torrent. L'étape ne sera plus très longue et nous arrivons, avant la grosse chaleur du milieu de la journée, au petit refuge de Koti, situé au pied du col du Rotang et faisant face à une magnifique forêt de sapins qui recouvre tout le versant opposé.

. L'après-midi est consacrée à des recherches dans les environs du refuge.

HABITATION EUROPÉENNE A BAJAURA

COBRA NOIR PRÈS DE BAJAURA (KOULOU)

CHEVROTIN : PHOTO PRISE PRÈS DE KANDI

SERPENT AU BORD DE L'EAU (PROV. CENTRALES)

29 juin. — Passage du Rotang. — Nous avons à fournir une dure étape. Je fais donc réveiller le personnel à 5 heures. La pâle clarté de l'aurore éclaire une scène confuse. Les hommes se démènent comme des diables, crient après leurs poneys indociles. A 6 heures et demie, tout est prêt et le convoi s'ébranle.

Précédant la caravane, nous grimpons en suivant le sentier qui prend derrière le refuge. Nous nous élevons très rapidement et parvenons assez vite au sommet de la première crête qui nous cachait le col.

Entre deux sommets montagneux recouverts de leur glace éternelle, nous apercevons maintenant la passe vers laquelle nous nous dirigeons. C'est la seule ouverture pratiquée dans l'épaisse muraille rocheuse d'où s'échappe un torrent qui bondit de roche en roche jusqu'au fond du précipice que longe le sentier. C'est le fameux col du Rotang dont les légendes font l'un des coins les plus dangereux du pays. De nombreux voyageurs, dit-on, y sont morts pour avoir bu de l'eau empoisonnée par les fleurs vénéneuses de l'endroit ou y ont été assassinés par les bandes de nomades venues des plateaux voisins.

Grimpant allégrement à travers les hautes prairies, que nous foulons depuis que nous avons quitté la zone des forêts, nous nous acheminons lentement vers le col. Bientôt de longs espaces recouverts de neige glacée ralentissent notre allure. Cette première difficulté vaincue, nous continuons à cheminer dans la neige, sans descendre de cheval. Ce n'est qu'au moment d'atteindre le point culminant (3982 mètres) que nous mettons pied à terre. Nos chevaux enfoncent jusqu'au poitrail dans la neige détrempée par la chaleur solaire. Nous passons auprès d'un groupe de tombes thibétaines, au-dessus desquelles flottent des écharpes déchirées. D'après la tradition bouddhique, les claquements de ces étoffes, sous l'action du vent, représentent de véritables prières pour l'âme de ceux qui sont morts.

Nous descendons maintenant vers une longue et étroite vallée qui nous sépare d'un massif montagneux à l'aspect grandiose. Au-dessous du chemin, une rivière assez importante roule ses eaux grises entre des berges recouvertes de neige. Pas un arbre, pas un buisson. C'est la montagne dans toute sa hautaine splendeur. N'étaient les fleurs qui recouvrent le sol par endroits, on croirait se trouver au centre des régions polaires. En cours de route, nous longeons des glaciers coupés d'effroyables crevasses. Nous pouvons ensuite nous remettre en selle. La marche continue, égayée par la rencontre de campements de nomades, dont les huttes forment dans ce décor un contraste très savoureux. A 2 heures, nous atteignons Koksir, notre but d'étape, et nous installons dans le refuge du gouvernement, bâti au bord du cours d'eau et à environ 3 460 mètres d'altitude.

30 juin. — Nous quittons Koksir et traversons le torrent à même la glace. Nous suivons ensuite la rive droite, en aval du courant. Le chemin est relativement facile, excepté au passage des coulées de neige à demi gelées qui descendent jusqu'au bord du cours d'eau. Nous n'avons cependant que deux fois à descendre de cheval. Tout notre parcours se fait entre deux gigantesques murailles montagneuses, qui ne s'ouvrent de temps à autre que pour nous laisser entrevoir des cirques inaccessibles, d'où jaillissent des ruisseaux.

A 3 milles de notre point de départ, nous remarquons une montagne qui, par exception, présente quelques traces de végétation. Je note plusieurs îlots de sapins. Du reste, ce sont les seuls arbres qu'il nous ait été donné de voir depuis le matin, avec quelques saules plantés autour du bungalow de Sisu, où nous camperons.

Placée à l'intersection de notre vallée et de la vallée du Gévan, la halte de Sisu domine tout le cours de la rivière. Elle est entourée de verts pâturages, ce qui lui donne, au milieu de l'aridité générale du terrain, une apparence aimable d'oasis.

Depuis que nous avons quitté le Rotang, un vent violent souffle chaque soir, après le coucher du soleil. .

1ᵉʳ juillet. — Départ de Sisu à 8 heures et demie. Nous allons vers Gandla, à 8 milles de distance, dans la vallée. L'aspect de cette dernière demeure identique. En descendant le cours du torrent, la végétation est cependant plus fournie, sur le versant opposé au sud, où nous remarquons la présence de petits bois. Nous rencontrons sur notre rive de gros buissons de roses sauvages. Ils poussent çà et là, au milieu des rochers.

A moitié chemin de Gandla, nous traversons un hameau entouré de cultures. Les maisons, de forme carrée, ont leurs murs revêtus d'une sorte de plâtre jaunâtre. Leurs minuscules fenêtres sont en bois et une toiture plate les recouvre. Cette agglomération prend des apparences de forteresse. Mon guide m'apprend que c'est ainsi que les Thibétains du Roukchou construisent leurs habitations. De la sorte ils sont protégés pendant l'été contre les brigands et peu dérangés par les neiges pendant l'hiver.

A la sortie du hameau, sur le bord de la route, un groupe de divinités locales sculptées grossièrement dans des billots de bois s'élèvent sur un piédestal fait de pierres amoncelées, et de forme cubique. Beaucoup de ces pierres portent des inscriptions en caractères sanscrits. Il est permis de penser que ce chemin existe, semblable à lui-même, depuis les premiers temps de l'antiquité hindoue.

Après avoir dépassé l'agglomération, nous traversons de

pénibles passages en corniche. Nous n'avons à déplorer aucun accident et le lieu d'étape est heureusement atteint. Gandla, que l'on aperçoit du chemin qui mène au bungalow, mérite une brève description. Situé à mi-côte et entouré de saules, ce village est dominé par une haute tour carrée construite avec des pierres plates posées les unes sur les autres et maintenues entre elles par de lourdes poutres de bois. Ce bâtiment curieux, dont les quatre pans vont en s'amincissant de bas en haut, se termine par une espèce de loge en bois, presque aussi large que la base du monument, ce qui lui donne une forme étrange mais non dépourvue d'élégance et lui permet de se détacher davantage sur le fond blanchâtre des constructions qui l'entourent. Le style des maisons est le même que celui que nous avons décrit plus haut.

Autour de la bourgade, le paysage est vraiment joli. La vallée semble fermée par un cirque de hautes montagnes dont les pics acérés et les neiges étincelantes forment un décor merveilleux.

2 juillet. — Nous suivons le cours du Tchandra. Au premier coude formé par la vallée, nous pénétrons dans une contrée aride, où nous avons toutes les peines à traverser, surtout à cheval, deux petites masses de neige glacée tombées en travers du chemin. Mon guide me montre, dans un étroit vallon encore entièrement recouvert par la glace, le sentier muletier du Palampour, par lequel passent chaque année les milliers de moutons qui viennent paître l'herbe grasse de ces contrées. Notre torrent rencontre plus loin la Bhaga, et la vallée, considérablement élargie, reprend son aspect frais et riant.

Un peu plus bas, jeté au-dessus de la rivière, se trouve un pont suspendu thibétain. Il est simplement composé de deux câbles formés par la réunion de plusieurs cordes et supportés par deux paires de piles faites de pierres amoncelées. Deux poutres, servant au passage des câbles, reposent sur les piles et sont attachées à d'énormes rochers. De nombreuses cordes transversales les relient entre eux, supportant, sur toute la largeur de la rivière, quatre câbles supplémentaires qui servent de chaussée. On accède à ce pont primitif par de minuscules marches de pierre.

Heureusement pour nous, nous n'avons pas à utiliser le pont et nous suivons notre rive jusqu'au bord de la Bhaga, que nous remontons après l'avoir traversée à gué, abandonnant la vallée de la Tchandra, dont les eaux s'écoulent vers le Kachmir. Nous élevant peu à peu sur le flanc des montagnes, nous ne tardons pas à entrer dans un pays fertile. La route que nous suivons est ombragée par une double rangée de saules. Des champs cultivés ou des herbages occupent les bas-fonds et nous pouvons voir, durant quelques minutes, sur la rive opposée, un curieux petit village posé, tel un nid d'aigle, au milieu des rochers où il se dissimule si parfaitement qu'il donne l'impression de faire corps avec la montagne.

Nous atteignons enfin Kailing, forte bourgade composée de maisons aux murailles élevées. On pénètre dans chacune d'elles par des échelles, ce qui donne à chaque groupe de maisons un petit air de château fort. En dépit de son apparence fermée, ce village offre quelques ressources aux voyageurs. On peut s'y ravitailler en produits de première nécessité et envoyer son courrier par la boîte du service des postes, dont le réseau ne va pas plus loin.

3 juillet. — Le refuge du gouvernement, où nous avons passé la nuit, porte un petit écriteau qui indique la présence d'un missionnaire dans les environs. Je me rends chez lui après le déjeuner et j'ai le plaisir de rencontrer le P. Schnabel, qui m'offre aimablement le thé et se met à ma disposition pour l'achat d'un peu de beurre et de farine.

En rentrant au refuge, je retrouve Jean, qui rentre de la chasse. Puis je reçois la visite du Tachildar, qui veut bien réquisitionner tout ce qu'il peut trouver comme provende pour nos chevaux.

4 juillet. — Afin de visiter la contrée environnante, sur laquelle le P. Schnabel m'a documenté au point de vue zoologique, je pars avec Jean et huit rabatteurs. J'ai l'intention de chasser le musc et de voir, par la même occasion, ce que recèlent les bois voisins. Nous nous rendons donc sur une montagne, située à 4 milles de distance, dans l'est, et de l'autre côté du torrent. Grâce à nos petits chevaux du Yarkund, nous pouvons presque atteindre notre terrain de chasse sans mettre pied à terre. Nous laissons nos courageuses montures sous la garde d'un saïs et nous entrons dans un bois de bouleaux et de genévriers, où doivent se trouver des muscs. Malheureusement la pluie se met à tomber et, après deux heures d'infructueuses recherches, gelé et séparé de Jean, que son ardeur cynégétique a entraîné fort loin, je me décide à rentrer.

La pluie a décollé des pierres qui roulent sous les pas de ma bête. Je dois me décider plusieurs fois à mettre mon cheval au galop dans des endroits difficiles pour échapper à des avalanches déterminées par mon passage. J'arrive cependant sans encombre au bungalow. Jean rentre deux heures plus tard. Il s'est attardé à poursuivre un chevrotin.

5 juillet. — Après avoir fait nos adieux au P. Schnabel, nous nous mettons en route. Nous nous acheminons à travers des bois de cyprès, pendant plusieurs milles, et à flanc de montagne. En face de nous, des pics rocheux aux sommets

recouverts de neige montrent un alignement presque régulier. Leur arête descend jusqu'au torrent, qui écume dans le
fond. Grâce aux nombreux glaciers qui séparent les montagnes et étincellent sous les rayons du soleil, le paysage est
ravissant.

Six milles plus loin, la Bhaga forme un coude et s'élargit
considérablement. Sur la rive opposée, nous apercevons un
petit village niché au milieu des cultures où l'on arrive au
moyen d'un pont thibétain. C'est l'un des hameaux disséminés du village de Cimur, où nous nous rendons. Nous
découvrons ce dernier après un dernier coude de la vallée.

Nous profitons de ce que nous avons devant nous plusieurs heures de jour pour organiser une chasse générale au
petit gibier. Elle nous donne d'excellents résultats.

6 juillet. — Vers 8 heures, départ du bungalow de Cimur.
A travers un petit bois de cyprès, nous montons vers la crête.
Nous continuons à remonter le torrent jusqu'au point de jonc-
tion des vallées et des torrents de Djenskeur et du Yo-Té.

Après avoir traversé le premier de ces torrents, nous établissons notre camp au nord de la gigantesque croix que
forment son cours et celui du Yo-Té. La vue s'étend fort loin
dans chaque direction. Elle n'est bornée que par les pics neigeux qui, dans chaque vallée, enserrent leurs torrents, auxquels ils impriment de curieux dessins.

L'étape a été fort courte. Aussi partons-nous à la chasse
dès notre arrivée, explorant tout d'abord l'autre rive de la
Bhaga, que nous traversons sur un pont thibétain. C'est la
première fois que je me risque sur l'un de ces ponts indigènes. Aussi mon impression est-elle mélangée. Il faut à
tout prix garder son équilibre et lutter contre le mouvement
de va-et-vient des câbles qui risque à chaque pas de vous faire
poser le pied dans le vide, ce qui, il n'est pas besoin de le

dire, entraînerait un superbe mais désagréable plongeon.

Mes groupes de chasseurs indigènes se sont mis de la partie. Jean et Simon, pour leur part, remontent les vallées tributaires de notre gros torrent. Les résultats de nos diverses recherches sont si satisfaisants que nous devons passer une partie de la nuit à la préparation des dépouilles de nos victimes.

7 juillet. — Nous levons le camp assez tard. La Bhaga, dont nous remontons le cours, coule au-dessous du chemin, dans d'étroites gorges. Les montagnes ne s'écartent qu'au-dessus du sentier que nous suivons. A moins de 2 milles du camp que nous venons de quitter, nous apercevons dans le lointain la masse sombre d'une montagne. Recouverte de neige à son sommet, elle semble couper la vallée en deux. Ses roches, d'un rouge foncé, obstruent le cours de la rivière que nous remontons et celui d'un torrent adjacent. Les eaux conjuguées de ces deux cours d'eau bondissent parmi les énormes pierres, font mille et un détours, traversant parfois des glaciers que les rayons du soleil vêtent de teintes roses.

Pendant tout le reste du parcours, nous suivons la vallée et nous installons notre camp à Patseo, point où notre torrent reçoit l'un de ses principaux affluents, qui lui vient de l'est. Les roches des monts environnants présentent une structure granitique.

Jean, qui est allé chasser aux bords du Yo-Té, nous rejoint vers 3 heures. Il rapporte une superbe tête d'ibex, qu'il a trouvée dans un ravin. Vers le soir, Gopy, mon shikari, me signale cinq chèvres sauvages ; elles se trouvent au confluent de la Bhaga et de son affluent. Il est trop tard pour leur donner la chasse et nous devons nous contenter de les observer à la lorgnette.

ENVIRONS DE GHARY

CIRQUE PRÈS DE GHARY

MANIKARAM

FORÊTS PRÈS DE PULGA

8 juillet. — Arrêt à Patseo pour y chasser. Dès la première heure, Jean se met à la recherche des ibex. Pour ma part, je me livre à des recherches dans les eaux de deux petites mares à peu de distance du lac. Dans l'une d'elles, je découvre un têtard de batracien d'un centimètre et demi de long, de couleur noire et ayant une petite queue, de taille normale. Je ne peux pas arriver à le capturer. J'en conclus cependant que l'eau contient les animaux inférieurs indispensables à la nourriture de mon têtard. Non loin de là, je saisis un petit lézard. Il existe donc, contrairement à ce que croient les indigènes, des reptiles dans cette région (4 000 mètres).

Je fais une assez bonne récolte d'insectes et, en rentrant, je cueille un joli bouquet d'edelweiss. Ces fleurs poussent ici à profusion.

Jean a poursuivi les ibex pendant toute la journée, mais sans parvenir à les rejoindre.

9 juillet. — Nous avons quitté Patseo vers 9 heures et suivi le cours de la Bhaga. A l'intersection de cette rivière et du torrent qui forme fourche, nous modifions notre itinénéraire. Le long du bras droit de la fourche, nous remontons une vallée qui devient de plus en plus étroite. Le sentier se fait lui-même plus pénible à mesure que nous nous élevons.

A 5 milles de notre point de départ, nous dépassons la baraque de Zingzingbar. Le paysage est mouvementé. Les montagnes ont, par endroits, des teintes rouge feu, ce qui, avec la blancheur éblouissante des neiges, forme un contraste ravissant.

Nous établissons le camp à 2 milles environ de Zingzingbar, sur l'une des dernières pelouses que l'on puisse trouver à cette hauteur. Nous sommes arrêtés au pied d'un pic de couleur sombre, veiné obliquement de roches rougeâtres, dont le cours seul de la Bhaga nous sépare.

Pendant l'après-midi, d'énormes gypaètes viennent décrire leurs orbes au-dessus du camp. J'en abats un de 2 m. 70 d'envergure. Jean, qui est allé explorer les environs, rentre vers 5 heures et repart armé de sa carabine. Il a aperçu des ibex et des « ovis nahura ».

10 juillet. — Le mauvais temps retarde notre mise en route. Un brouillard épais nous cache le col du Bara-Lacha. Il a plu aussi cette nuit, et les neiges que nous avons à traverser n'offriront plus la même consistance. Nous nous décidons à passer la journée ici et à chasser les gypaètes. Nous blessons deux beaux individus ; mais nous ne parvenons pas à les retrouver. Sur la neige, nous relevons des traces toutes fraîches de léopard.

Le soir, trois de mes hommes sont atteints du mal de montagne. Je ne peux rien pour les soulager. Je leur fais cependant absorber de l'aspirine Vicario, et ce médicament atténue pour quelques minutes leur violent mal de tête.

Rentré sous ma tente, je rassemble mes notes sur la faune de Lahoul, dont le résumé suivant pourra donner un aperçu.

Mammifères. Carnassiers. — Les léopards blancs se trouvent un peu partout dans ces montagnes. Ils suivent les troupeaux d'ibex et de moutons sauvages. On peut les rencontrer sur toutes les crêtes, depuis le Rotang jusqu'au Bara-Lacha. Ils descendent quelquefois et on en a vu rôder autour du village de Kailing. Les ours noirs habitent plus bas, particulièrement la vallée de la Bhaga et celle du Tchandra. Leurs traces y sont nombreuses, ainsi que celles des ours Isabelle, dont nous aperçûmes un superbe individu un peu avant d'arriver à Gandla.

Chiroptères. — Ces animaux sont rares sur les hauteurs. Nous en avons cependant découvert une espèce dans les environs de Kailing.

Ruminants. — Les ibex *(Capra caucasica)* et les moutons sauvages *(Ovis nahura)* résident un peu partout sur les sommets. Les premiers sont particulièrement nombreux près de Sumdeo. Les seconds paraissent affectionner Patseo. Les muscs, qui préfèrent les régions boisées, se rencontrent le long du cours de la Bhaga et du Tchandra.

Rongeurs. — Les lagomys habitent la Bhaga et Cimur. En ce qui concerne les autres espèces, il est difficile de différencier leurs habitats, sauf pour les marmottes, qui, selon leur coutume, recherchent les endroits rocheux. Elles sont très communes à Zingzingbar.

Oiseaux. — La faune ornithologique est, elle aussi, essentiellement montagnarde. On ne rencontre presque pas un seul des oiseaux de Koulou, sauf le grand merle bleu, la pie-grièche grise, les pigeons des neiges, la perdrix tchacor, les chocards et quelques autres passereaux des sommets. En revanche, trois espèces d'hirondelles, un tichodrome et quelques passereaux, spéciaux à ces hautes régions, me sont encore inconnus. Les grandes rapaces sont extrêmement répandus, principalement sur les sommets.

Reptiles. — Pas d'ophidiens depuis la base sud du Rotang. Les sauriens s'élèvent, au contraire, très facilement, et on en trouve jusqu'à plus de 4000 mètres.

Insectes. — **Lépidoptères**. — Les papilionnides proprement dits ne sont nombreux nulle part ; mais les colias et les piéris se rencontrent un peu partout, ainsi que les vanesses (ces dernières ne dépassant qu'exceptionnellement l'altitude de Sumdeo). Au contraire, les lycenidæ et les satiridæ s'élèvent extrêmement haut, sans toutefois s'éloigner beaucoup de leur habitat, plus voisin des sommets que pour les espèces rencontrées durant le passage du Rotang (3982 mètres). Nous vîmes là un piéris, un parnassius et deux petits nymphalidæ.

Coléoptères. — Nos remarques les plus importantes concernent la découverte, au sommet du Rotang, de quelques petits carabiques vivant sous les pierres, en compagnie de curculionidæ et d'élatérides particulièrement nombreux, ainsi que d'un spécimen du genre aphodius. Ces remarques concernent également l'absence, au-dessus de Kailing, d'un petit longicorne, du groupe des agapanthia, qui vivait en grand nombre aux environs de ce village et notamment à Gandla et qui a disparu malgré l'abondance de sa plante nourricière à Sumdeo. Une espèce de curculionidæ, que nous avions constatée sur le même végétal, est commune dans les deux localités.

CHAPITRE VII

PASSAGE DU BARA-LACHA, *11 juillet*. — Nous levons le
camp à 8 heures. Le cours de la Bhaga remonte doucement
vers le col, que l'on devine à gauche, entre deux hautes
montagnes dont l'origine doit remonter à l'ère primaire.
Après une marche d'un mille et demi, environ, nous atteignons le col et, après plusieurs détours, à travers un glacier
que nous escaladons sans trop de peine, nous prenons pied
sur la hauteur. De là, nous découvrons un magnifique paysage. A nos pieds, s'étend un petit lac aux eaux d'un bleu
verdâtre. Une nouvelle vallée, qui ressemble à un immense
cirque, tant elle est entourée de montagnes aux flancs rocheux, s'étend sur notre gauche. A mi-côte se découpe sa
première crête pittoresquement dessinée.

Sur notre droite la montagne est moins tourmentée, mais
la teinte rouge clair des roches, marbrées de noir et pla-
quées de neige, est peut-être encore plus belle dans son
ensemble.

Nous contournons le petit lac par la gauche et continuons
à nous élever. Nous atteignons bientôt le point culminant.
Le col du Bara-Lacha se trouve à la jonction de trois grandes
vallées. L'une d'elles, d'aspect sévère, se dirige vers les
Spiti, que l'on aperçoit dans le lointain, à droite et au-dessus des glaces qui recouvrent le sol.

Nous descendons sur Kailong. Le paysage est très diffé-

rent de celui que nous venons d'admirer au bord du lac. Ce
sont cependant les mêmes montagnes que nous avons sous
les yeux : mais leur orientation est nouvelle et cela suffit à
changer le caractère du décor.

Aucun bruit ne trouble le silence majestueux de ces soli-
tudes. Il semble que toute trace de vie ait disparu. Nous
n'apercevons que rochers et glaces, et un sentiment où le
respect le dispute à la crainte s'empare peu à peu de nous.
Comme s'il voulait attester par le spectacle de sa fragilité la
grandeur surhumaine du tableau, un léger papillon, une
pauvre petite piéride, traverse devant nous un rayon de
soleil. Ce dernier nous brûle déjà de ses feux tropicaux et
nous nous hâtons de descendre. Nous devons bientôt mettre
pied à terre pour soulager nos montures ; mais, à peine avons-
nous fait quelques pas, que nous sommes gênés par la raréfaction de l'air.

La vallée où nous cheminons offre tout à fait le spectacle
d'un paysage arctique. Au milieu d'immenses glaciers, un
torrent a tracé son cours, découpant curieusement mais
assez largement la glace pour pouvoir charrier quelques fan-
tastiques glaçons. Plus loin, le chemin devient plus facile.
Nous traversons à cheval un bras de torrent; mais nos montures doivent nager. Nous nous trouvons alors sur les bords
d'un lac, dans les eaux duquel se reflètent des montagnes
moins hautes, moins pierreuses, et d'une tout autre nature
que celles qui encadraient jusqu'ici la vallée. Ces montagnes
offrent des teintes curieuses, qui vont du rosé au verdâtre.
Ces terrains, qui vont constituer le sol des territoires où nous
allons pénétrer, appartiennent au Zanskar System, comprenant le Lilang, comparable à notre Trias, et le Kutling, égal
à notre Permien.

Sur les bords de la large cuvette formée par les rives
élargies du torrent, apparaissent de petites fleurettes, au

milieu de l'herbe qui recommence à pousser. Quelques rares insectes bourdonnent dans l'air et les oiseaux font leur réapparition. Nous perdons bientôt de vue ce coin pittoresque et nous nous engageons à travers une glaire faite d'énormes pierres amoncelées, et formant des creux et des bosses d'où nous avons quelque peine à sortir. Heureusement pour nous, le but de l'étape est voisin. Nous nous arrêtons au centre d'un cirque aride où se trouve une misérable bâtisse de pierre. Ce point, marqué sur nos cartes, porte le nom de Kailong. Le manque de combustible nous oblige à prendre un repas frugal. Nous arrivons difficilement à nous procurer quelques racines, mais elles produisent trop peu de feu pour que nous parvenions à cuire nos aliments.

SARCHU, *12 juillet.* — Nous avons quitté Kailong à 8 heures, traversant une glaire de la même importance que celle d'hier. Nous longeons un petit étang au-dessus duquel je tire de jolis pluviers, puis nous nous engageons dans une vallée qui, d'abord très étroite, ne tarde pas à s'élargir. Le ravail des eaux sauvages a entraîné dans cette vallée des terres, qui, en glissant, y ont formé un plateau de niveau moyen, où le torrent a tracé plus profondément son cours, ce qui nous permet d'étudier une formation géologique des plus curieuses et qui rappelle ce que nous nommons en Europe des cheminées de fées. Dans cette région, chaque rivière coule entre deux berges presque à pic, ou même surplombant quelquefois le courant. La partie supérieure de la berge semble soutenue par de nombreuses colonnes composées d'un mélange de galets et de terre dont la formation est due aux grosses pierres qui les surmontent et ont empêché la destruction des terres qu'elles recouvrent en les protégeant des érosions. Comme de véritables pyramides, ces piliers s'élèvent parfois du bord de l'eau et atteignent le sommet du talus, donnant au paysage un cachet vraiment spécial.

La forme des montagnes a également changé depuis le Bara-Lacha. Ce n'est plus le sol rocheux des massifs que nous venons de traverser. Les sommets sont le plus souvent arrondis. Il en émerge çà et là de bizarres rochers qui paraissent être les restes d'anciens pics usés par le temps, les eaux, le froid et la chaleur solaire. Leur teinte est rouge, à reflet gris-bleu ou verdâtre; la consistance du sol semble moins solide et ce dernier, contrairement à ce qui se passe dans la chaîne du Bara-Lacha, montre une certaine tendance à se niveler, sous l'influence de la force dynamique externe.

Quant à la végétation, elle est encore très pauvre à la hauteur de Serchu; mais grâce à une sorte de genêt mélangé de délicieux myosotis, le paysage perd la sévérité des terrains traversés pendant les derniers jours.

Un vent violent descend des glaciers. Il nous oblige ce soir à installer notre camp au bord de la rivière, au point où celle-ci rencontre le Janskiar. Nous sommes ainsi en partie abrités par le talus qui nous domine.

Vers la Jubtak, *13 juillet*. — Nous quittons Serchu très tard, à cause de l'état de santé assez précaire de la plupart de mes indigènes. Une partie des chevaux se sont aussi échappés de l'autre côté du cours d'eau et nos caravaniers doivent attendre leur bon plaisir pour les rattraper.

Je prends donc les devants avec mes préparateurs et mes chercheurs d'insectes et nous suivons à pied le plateau. Nous le parcourons jusqu'au bord d'une nouvelle rivière sortie du versant droit de la vallée. Mon saïs nous rejoint à ce moment, tenant les chevaux en main. Sur l'indication qu'il nous fournit, nous cherchons un passage en amont, au lieu de traverser directement la rivière comme nous l'avions d'abord décidé.

Supposant que nous avions suivi l'itinéraire fixé, le reste de la caravane descend au bord de l'eau et traverse le torrent malgré le danger. Le courant est des plus violents et les eaux sont profondes. Hommes et bêtes perdent pied à chaque instant. Plusieurs des chevaux de bât se laissent entraîner vers des tourbillons, d'où on les arrache au prix de nombreuses difficultés.

Mes taxidermistes, de leur côté, passent un assez mauvais quart d'heure. Deux d'entre eux, qui se sont aventurés sur les côtés de la troupe, ont juste le temps de rejoindre leurs camarades pour ne pas être emportés par le flot. Nous, nous avons trouvé un gué peu profond et nous n'avons pas eu de peine à le traverser. En raison des fatigues de la caravane, nous nous arrêtons après avoir franchi quelques milles. L'emplacement choisi pour notre campement se trouve au pied de gros rochers, un peu avant un nouveau coude de la rivière, dont du reste notre sentier s'éloigne pour s'élever très rapidement sur les flancs de la montagne.

La configuration géographique des pays que nous venons de traverser me surprend un peu. Elle ne correspond pas à celle de l'itinéraire prévu. Afin d'avoir une certitude, je fais appeler les guides et le chef caravanier. J'ai avec eux une longue discussion. Les uns et les autres s'obstinent à affirmer que la voie que nous avons suivie est la bonne. Mes cartes font-elles erreur? Je décide en tout cas à m'en remettre à ces hommes, qui, pour éviter des fatigues inutiles à leurs bêtes, ont tout intérêt à suivre le bon chemin.

COL DE LACHA LANG, *14 juillet*. — Nous escaladons la montagne au pied de laquelle nous avons passé la nuit et nous nous engageons dans un étroit passage formé par les éboulis d'un plateau fortement incliné. Notre sentier contourne un sommet rocheux; il en épouse les sinuosités et s'élève insensiblement. Bientôt nous avons sous les yeux un magnifique paysage, qui s'étend du Bara-Lacha jusqu'aux montagnes du Kachmir. Ces dernières se silhouettent au lointain, dans le prolongement de la rivière que nous venons de quitter. A nos pieds, dans une gorge tortueuse hérissée de rochers et de cheminées de fées, serpente le petit torrent que nous avons traversé hier au soir. Son cours accidenté retient longuement notre attention. Nous le perdons de vue pour le retrouver quelques milles plus loin, alors qu'il arrose une vallée assez large dont nous longeons le côté droit.

La raréfaction de l'air ne tarde pas à se faire sentir. Nos chevaux s'arrêtent à chaque minute pour souffler. Le frère d'Ibraïm, à qui j'avais prêté ce matin l'une de mes carabines, rejoint la caravane. Il rapporte un mouton sauvage qu'il a abattu et porté sur l'épaule jusqu'au chemin. Nous parvenons aux sources du torrent et nous campons au milieu d'un cirque que nous devrons escalader demain pour atteindre le col de Lacha Lang.

L'absence de végétation prive nos chevaux de nourriture. Notre propre repas est réduit à sa plus simple expression à cause de la rareté du combustible. Nous assistons même à une scène qui ne manque pas de piquant. Ayant ramassé à grand'peine de quoi faire du feu, notre cuisinier est navré de ne pas pouvoir cuire les aliments, bien que son eau paraisse bouillir. Le pauvre homme est terrorisé par ce fait, qui lui paraît incompréhensible et qui est dû tout simplement à l'influence de l'altitude où nous nous trouvons (16 630 pieds).

Pendant la première partie de la nuit, Simon me réveille. Un indigène vient d'être pris d'un évanouissement, dû au manque d'air. Je lui prodigue les soins nécessaires et je regagne mon lit, cherchant dans le sommeil l'oubli d'un malaise que je sens se développer en moi depuis quelques instants. Deux heures plus tard, la crise se déclare. Seul sous ma tente, je dois me traîner au dehors pour appeler de l'aide et c'est avec beaucoup de peine que mes compagnons parviennent à dissiper un commencement d'asphyxie.

15 juillet. — Dès l'aube nous nous préparons au départ. Je suis tellement affaibli par le mal de montagne, que je dois me faire aider pour monter en selle. Nous gravissons la dernière pente du col. Ce dernier est formé par une découpure entre de hauts sommets arrondis, d'où sortent de grosses roches effritées, couronnant çà et là les énormes monticules de pierres.

A la cantonade, des montagnes de même compositiou bornent la vue. Nous commençons à descendre par une vallée étroite. Cette configuration du terrain va en s'accentuant. Par places, de hautes murailles ressemblent aux ruines de quelque vaste fortification. Plus bas, nous entrons dans des gorges qui forment un véritable et extravagant chaos. Ce ne sont que pierres et roches, sortant des flancs rougeâtres des montagnes, celles-ci dominées par de gigantesques pyramides ou des dômes de pierre rouge curieusement sculptés. Des obélisques géants, aux arêtes aiguës, se dressent sur les bords mêmes du torrent.

Deux vallées, tributaires de celle que nous suivons, et tout aussi tourmentées, sont arrosées par des torrents qui déversent leurs eaux dans la petite rivière dont nous longeons le bord.

Après une pénible et longue marche, nous atteignons la sortie des gorges. Un rocher, à l'aspect fantastique, et comme brûlé par des flammes qui se seraient tout à coup figées alentour, se dresse sur ce point. Nous entrons dans une vallée aride mais très large. Elle se termine au confluent du torrent et d'une forte rivière que nous apercevons brusquement au détour d'un rocher. Nous descendons vers le bord, afin de traverser la rivière; mais la violence du courant nous crée quelques difficultés. Le cheval de Simon ayant fait un faux pas, monture et cavalier disparaissent sous les flots. Après une lutte de quelques instants, notre compagnon réussit à reprendre pied et nous continuons notre route sans avoir à déplorer de plus sérieux accident.

Le versant opposé gravi, nous remontons un petit affluent et laissons à notre gauche la montagne élevée que contourne la sente suivie depuis Koulou. Notre caravane suit le cours d'un ruisselet qui arrose une large vallée encaissée. Au-dessus d'elle, s'étendent de hauts plateaux séparés les uns des autres par des chaînes montagneuses.

La fatigue commence à se faire sentir. Nous décidons de nous arrêter. Il est du reste 4 heures de l'après-midi et nous marchons depuis le matin. Nous campons au bord du torrent.

16 juillet. — Je pars, accompagné de Jean, pour explorer l'un des plateaux que nous n'avions fait qu'entrevoir pendant les derniers milles de l'étape.

La berge de la rivière doit avoir près de 100 mètres de hauteur. Nous la gravissons et avons sous les yeux une vaste plaine entourée de collines, qui s'échancrent pour former de petites vallées qui sont, en réalité, des prolongements du plateau. Le sol de celui-ci, crevassé en tous sens par le froid et la sécheresse, laisse croître une herbe rude d'environ 15 centimètres, qui en constitue l'unique parure.

Dans le lointain, un tourbillon de poussière nous indique la présence d'une troupe d'animaux que nos jumelles nous permettent d'identifier aussitôt. Ce sont des kiangs.

Nous nous élançons à la poursuite de ces équidés sauvages et nous essayons de les approcher en nous dissimulant derrière nos chevaux, à la manière africaine. Malgré toutes nos précautions, nous ne parvenons pas à les approcher comme nous le voudrions. Nous faisons feu à 400 mètres et la troupe s'enfuit aux premiers coups de fusil. Il ne nous reste qu'à rentrer au camp, un peu déconfits, et à nous contenter d'un certain nombre d'oiseaux.

Après le déjeuner, nous levons le camp et remontons la vallée. Jean nous a précédés; il caresse l'espoir de surprendre quelque gibier intéressant.

Nous marchions depuis près de deux heures lorsque nous rejoignons mon premier préparateur. Il est en train de dépouiller un superbe kiang. Deux autres équidés sont abattus et gisent sur le flanc de la montagne, à très peu de distance. Force nous est de camper dans ce lieu et de nous livrer à la préparation des peaux.

17 juillet. — Jean et Simon sont partis ce matin à la chasse. Ils rentrent pour le déjeuner et le convoi se met en marche à 2 heures et demie de l'après-midi. Nous allons vers le Tcho Morary. Nous remontons le cours d'eau jusqu'à son point de jonction avec un petit affluent entièrement recouvert de glace (une heure et demie de marche du dernier camp, direction sud-est). Nous entrons ensuite dans une nouvelle vallée, dont l'aspect est le même, en moins grand, que celui de la vallée parcourue un moment plus tôt. Nous cheminons entre deux talus pierreux d'environ 100 mètres de haut, semés çà et là de rochers ou d'un amalgame de galets et de terre dont j'ai déjà parlé et qui forment des cheminées de fées véritablement remarquables.

Vers le soir, ayant trouvé sur notre route une prairie, je fais placer le camp à l'entrée de gorges rocheuses, sur le bord, même du petit torrent. Au-dessus de nous, doivent se trouver de hauts plateaux, car on me signale des hémiones.

Col de Karzok, *18 juillet.* — Nous avançons à travers les gorges, remontant le cours d'eau, et nous débouchons

dans une vallée que nous ne faisons que traverser, nous élevant vers l'est et suivant à mi-côte des croupes rebondies,
formées par de hauts coteaux. Ces derniers doivent être les
contreforts des montagnes qui nous entourent. Une seule
d'entre elles, que contourne notre sentier, est de nature
rocheuse. Les autres présentent le même caractère que celles
du Lacha Lang la.

La vue dont nous jouissons, du point culminant de ce passage, est superbe. En arrière, les détails du paysage se détachent avec la netteté d'un plan géographique en relief. Pour
la première fois, depuis Sarchu, je reconnais le lieu où nous
sommes, grâce à la chaîne de la Tsarup, sur laquelle se
greffent deux petites chaînes très caractéristiques qui se
dirigent vers l'est. Je peux juger du formidable crochet que
m'ont fait faire mes caravaniers. Au lieu de suivre les bords
de la rivière, ils m'ont fait franchir le col de Lacha Lang,
puis redescendre vers le Tcho Morary par des vallées parallèles à la Tsarup.

En avant de nous, le paysage s'étend jusqu'aux neiges du
col de Lanak, au-dessus d'une large vallée aux versants moins
abrupts, mais aux sommets couverts de neige. C'est en descendant cette importante vallée que nous continuons notre
marche, suivant le cours du minuscule torrent qui coule au
milieu d'une prairie émaillée de fleurs.

Nous passons au bord d'un lac entièrement glacé qui
s'étend au pied d'une petite montagne venue du versant
gauche de la chaîne, comme pour en indiquer la direction.

Une troupe de kiangs sort tout à coup d'un repli de terrain.
J'enlève mon cheval et, poursuivant la bande, je réussis à
séparer d'elle un vieux mâle, que j'abats d'un seul coup de
carabine.

Peu après, Jean et Simon, qui étaient sur la piste de deux
léopards des neiges, me rejoignent avec mon guide Gopy,

qui m'engage à quitter la vallée et à monter sur son versant gauche, vers un col. Nous nous trouvons bientôt en face d'un énorme massif archéen séparant deux vallées semées d'effroyables précipices. L'une de ces deux vallées est comblée par un glacier impraticable ; l'autre se termine par une muraille presque perpendiculaire et un petit glacier qui pourrait peut-être nous fournir le moyen de rejoindre une ardoisière formée sur le flanc de l'énorme montagne qui se trouve devant nous.

Nous sommes perplexes. Le guide avoue qu'il s'est trompé et me demande d'attendre l'arrivée du jeune frère d'Ibraïm avant de prendre une décision. Si nous pouvions, en effet, continuer notre marche vers l'est, cela nous ferait gagner du temps. Nous nous reposons donc, assis sur les rochers, et attendons la première fraction de la caravane, qui n'arrive que deux heures plus tard. Bien que furieux contre la maladresse de Gopy, Ibraïm ne perd pas son temps en vaines paroles. Il descend chercher, avec son cheval, un passage sur la glace. Nous assistons avec un peu d'angoisse à ce sport dangereux. La monture de notre caravanier glisse vingt fois et manque de culbuter dans de profondes crevasses. Chaque fois elle se relève avec courage, avance avec précaution, le nez à terre, comme pour flairer l'épaisseur de la couche glacée, choisit avec un sûr instinct, pour y poser ses sabots, l'unique chemin praticable. Bête et cavalier atteignent enfin l'ardoisière, où Ibraïm laisse sa monture afin de venir nous chercher.

Un à un nous nous engageons sur la piste du caravanier et atteignons sans encombre le flanc de la montagne. De là nous continuons à descendre, malgré les pierres qui à chaque instant glissent sous les pieds de nos chevaux. Deux des animaux de bât sont emportés, dans des glissades de plus de 100 mètres, vers le précipice insondable que nous côtoyons et n'arrivent qu'à grand'peine, en faisant face à la montagne, à se tirer de ce mauvais pas.

Au crépuscule, nous nous arrêtons dans un petit vallon où Ibraïm parvient à allumer du feu. Nous nous groupons autour des braises et nous attendons l'arrivée du campement. Un vent puissant vient des glaciers. Malgré le feu, nous grelottons pendant tout le reste de la nuit.

19 juillet. — Le mauvais temps a retardé la marche d'une partie de la caravane, et je me vois forcé de l'attendre. Je ne sais pas, du reste, si j'aurais pu partir dans l'état de santé où je suis.

Sur le soir, on me signale des « ovis nahura » ; mais personne n'est capable de les poursuivre, pas même le shikari qui m'apporte cette nouvelle, et qui, malgré l'offre d'un batchiche important, préfère garder le repos.

Tcho Morary, *20 juillet.* — Rassemblant toutes mes forces et galvanisant tous nos muletiers, je fais lever le camp à 9 heures. Tout le monde est malade. Moi-même je me tiens à cheval avec peine. Chemin faisant mon malaise se dissipe un peu et la constatation de ce simple fait raffermit le courage des malades que je trouve arrêtés sur la piste. Après m'avoir vu très souffrant au départ, et maintenant presque rétabli, ces pauvres diables ont conclu qu'il en sera de même pour eux et ils puisent dans cet espoir la force de marcher ou de se tenir à cheval.

Nous grimpons vers un point élevé. Une fois rendus, nous avons sous les yeux l'immense panorama des régions parcourues hier et ces jours derniers. Certains des sommets des montagnes. sont entièrement recouverts de neige, ce qui leur donne un curieux aspect. L'un de ces sommets est de forme pyramidale.

Parvenus sur une nouvelle crête, nous apercevons enfin, dans un espace laissé libre entre les montagnes, une tache

VALLÉE DE LA THOS : JET D'EAU

UNE GLISSADE MALENCONTREUSE

CHEVROTIN PORTE-MUSC CAPTURÉ PAR DÉPRIMOZ

KOULOU : ROUTE AU-DESSUS DE MANOLI

bleu sombre. C'est le Tcho Morary, vers lequel nous descendons par un sentier de chèvres, à travers un terrain peuplé de genêts minuscules et de romarins. Après une descente de plus de trois heures, nous franchissons une petite plaine où paissent des troupeaux de yacks, appartenant aux habitants de Karzok. Ceux-ci, à quelque distance, vivent sous des tentes taillées dans des peaux de bêtes. Quelques-unes, d'une repoussante saleté, sont en étoffe. De grosses pierres les maintiennent immobiles. Tout autour flottent des drapeaux en loques, ainsi que des chaories (queues de yacks). La signification de ce dernier emblème m'est inconnue.

Toute la population se presse sur notre passage et je l'examine avec intérêt. Le petit nombre des femmes ne laisse pas que de me surprendre et j'en fais la remarque à mon guide thibétain. Il m'explique aussitôt qu'il en est de même dans toute la contrée environnante. Le sexe fort domine dans une telle proportion, que la coutume veut, s'il y a plusieurs frères dans une même famille, que ceux-ci épousent une seule femme, chargée d'entretenir le foyer familial. « C'est une très bonne chose, ajoute mon informateur, car cela resserre l'attachement de tous pour le... home commun. » Il m'explique encore que les enfants appartiennent indistinctement à chacun des maris. Suivant leur âge, ces derniers ont des fonctions bien déterminées dans la vie commune, sans que leurs aptitudes y soient pour quelque chose. A défaut du père, le frère aîné dirige la famille, en accord avec tous les membres.

Le chef me souhaite la bienvenue. Il m'apprend qu'il n'a pas vu de blancs dans ces parages depuis plus de trente ans. Je me fais conduire au bord du lac, en passant par des gorges de peu d'importance. A la sortie du défilé, la vue embrasse le Tcho Morary en entier. Le paysage est splendide; mais surtout vers le sud, à cause des hauts sommets neigeux qui se reflètent dans les eaux d'un bleu sombre. Au nord, les montagnes sont plus basses et recouvertes, dans leur partie inférieure, d'une herbe rase qui leur donne un peu de fraîcheur. Les terrains qui entourent le lac appartiennent tous aux dernières périodes de l'ère primaire.

Pas un jonc, pas un roseau sur les berges; rien qu'une sorte de varech, qui recouvre le bord de la plage, et que le flot augmente de quelques matières végétales ressemblant à des algues et provenant, selon toute vraisemblance, du fond du lac.

Devant nous, à un mille ou un mille et demi, la rive qui nous fait face est pittoresquement découpée, au-dessous d'une haute chaîne. Au pied d'un contrefort que nous venons de dépasser, s'élève un petit couvent bouddhiste composé de deux bâtiments : le plus rapproché a de hautes murailles carrées, que les lamas ont peintes en blanc; le second, et qui paraît beaucoup plus ancien, est plus artistique. Ses murs, usés par les siècles et ouvragés aux angles ainsi que des deux côtés de son vieux portail, supportent une sorte de tchatri, recouvert de peinture rouge brique.

Nous installons notre campement sur une sorte de promontoire assez bien nivelé, situé à la limite des dernières cultures d'orge des lamas, et nous visitons les bords du lac, puis ceux de la petite rivière qui limite ce cap plat et peu élevé. Dans la direction du sud, nous surprenons de nombreux oiseaux aquatiques; nous tirons de superbes mouettes, ainsi qu'une oie sauvage, qui nous permettra de faire un excellent dîner.

21 juillet. — Dès le matin, je fais appeler mes guides thibétains. Au moment où nous quittions Koulou, ils m'ont affirmé que les eaux du lac recélaient des animaux amphibies, de couleur blanchâtre, de la taille d'une petite vache, et qui, au coucher du soleil, sortaient de l'élément liquide pour venir paître dans les champs.

Un peu gênés par le sourire narquois qui ponctue mon interrogation, ces hommes répondent qu'il leur est impossible de préciser l'endroit. Ils ajoutent qu'ils n'ont jamais vu eux-mêmes ces animaux et qu'il se pourrait fort bien qu'il n'en existât que dans les légendes du pays. En revanche, ils m'assurent qu'en fait d'animaux rares, ils me montreront, de l'autre côté de l'Indus, sur le plateau de Roudok, une espèce d'antilope unicorne. Je n'ignore pas que les indigènes désignent souvent de ce nom le Pantholops d'Hodgson. Je leur demande donc le nom thibétain de cet animal et celui de la bête qu'ils m'ont signalée. Je suis persuadé d'avance qu'ils donneront le même nom aux deux animaux. A ma grande surprise, les guides me donnent deux noms tout à fait différents, et comme je leur assure que l'antilope unicorne n'existe pas plus que la vache amphibie, l'un d'eux m'offre de n'être payé que le jour où il m'aura montré l'animal. Cette fois, je suis un peu ébranlé. L'argument est de poids. Ces gens, âpres au gain, ne risqueraient pas de perdre aussi bénévolement leurs gages de plusieurs semaines s'ils n'étaient sûrs de leur fait.

Je termine l'interrogatoire sur cette impression et vais visiter, avec Jean, l'extrémité nord du lac. J'y ai remarqué plusieurs mares où croît une herbe rude et clairsemée, qui malgré sa faible hauteur offre son refuge aux oiseaux.

Chemin faisant, nous capturons d'intéressants lézards, ainsi que de curieux crustacés qui vivent en grand nombre dans les eaux du lac.

Un peu avant d'arriver à la pointe du Tcho Morary, nous surprenons une bande de canards. Nous réussissons un joli doublé et continuons l'exploration de la partie marécageuse, qui nous procure trois autres palmipèdes, deux pluviers, une bécasse et quelques oiseaux de moindre valeur.

22 juillet. — Jean et Simon partis pour une chasse matinale, je vais visiter le couvent bouddhiste, où j'ai la malchance de ne pas rencontrer le principal lama. Je retourne donc au camp où j'expédie les choses les plus urgentes. Je m'occupe aussi des indigènes, dont plusieurs sont atteints du mal de montagne. Les symptômes généraux sont les suivants : violent mal de tête, localisé surtout dans la région occipitale, avec irradiations vers le cou, tandis que le sujet éprouve une grande gêne respiratoire. Plus tard, surviennent des douleurs dans les genoux en même temps que de pénibles névralgies. Chez certains, l'estomac refuse la plus légère nourriture. Chez d'autres, il y a au contraire des fringales violentes, mais elles sont suivies de nausées qui amènent la restitution des aliments. Le pouls est accéléré, et le malade est rapidement abattu. La difficulté de trouver le sommeil, les palpitations de cœur, les saignements de nez fréquents s'ajoutent à ces malaises qui rendent l'organisme incapable de supporter la moindre fatigue.

Un autre aspect de ce mal étrange se manifesta plus tard chez mes muletiers originaires des basses régions : ils eurent des hémorragies nasales abondantes et des troubles intestinaux caractérisés par des selles sanglantes.

23 juillet. — Pendant la matinée, nous nous livrons à des recherches entomologiques dans les environs du camp. Après le déjeuner, je reçois la visite du chef des lamas. Il m'apporte une jolie tête d'ovis ammon, dont il veut bien me faire don. Nous causons durant quelques minutes, grâce à l'un de ses hommes qui nous sert d'interprète.

Après m'avoir questionné sur le but de ma mission et l'importance de mon pays d'origine, ce haut personnage religieux offre de mettre à ma disposition une troupe de yacks porteurs. Ceci, ajoute-t-il, permettra à mes chevaux, plus ou moins fourbus, de prendre un repos bien gagné. J'accepte avec joie. En échange, le prêtre bouddhiste me demande de lui céder tout le papier que je possède. Il m'explique l'importance pour lui de cet objet, qu'il n'arrive que très difficilement à se procurer.

J'amène la conversation sur la haute autorité religieuse qui gouverne le Thibet et plus particulièrement sur celle dont dépend sa lamaserie et je lui demande de vouloir me donner quelques détails sur l'organisation de ce mystérieux et lointain pays. Il me dit alors que la souveraineté, au Thibet, est partagée entre le Tachi et le Dalaï-lama. Le premier est le chef religieux, dont l'infaillibilité est incontestée ; au second échoit le gouvernement du pays.

Le Tachi-lama habite Chigatsé, la ville sacrée, qu'il gouverne au point de vue temporel. C'est le saint des saints, la divinité vivante, de qui relèvent toutes les lamaseries et la foule des croyants. Sa puissance est énorme et s'étend bien au delà des frontières du Thibet.

Le Dalaï-lama, incarnation du patron du Thibet, habite Lhassa, d'où il gouverne, avec le Dewantchong (gouvernement) la plus grande partie du pays. Chaque province a à sa tête un gouverneur, qui répond sur sa vie de la bonne administration de son territoire.

— Mais, lui ai-je demandé, de qui ces saints hommes reçoivent-ils le pouvoir ?

— De Dieu même, m'est-il répondu. A la mort d'un Tachi-lama, nous avons mission de rechercher et d'envoyer à Chigatsé tous les enfants dont l'intelligence précoce indique que peut-être l'âme du lama disparu est descendue en eux. Les plus hauts dignitaires de la religion, réunis en assemblée, tirent alors au sort, pour connaître celui que nous désigne le Très-Haut. La nomination d'un Dalaï-lama se fait à peu près dans les mêmes formes, mais son avènement n'a lieu qu'avec l'assentiment du gouvernement de Pékin.

Le lama m'apprend, en terminant, que pour fêter ses hôtes de passage, il a décidé que des danses religieuses seraient données demain, dans l'après-midi. C'est une manière aimable d'attirer sur nous la bénédiction des divinités locales et de nous faire honneur.

Je remercie vivement le lama et l'interroge indiscrètement sur la faune des environs. Il veut bien me documenter. Nous fixons ensuite, d'un commun accord, l'heure où commenceront les réjouissances du lendemain et nous nous séparons, après avoir échangé d'innombrables formules de politesse et nous être réciproquement assurés de notre profonde sympathie.

Au camp, je retrouve Jean et Simon, qui rentrent de la chasse, rapportant deux canards casarca et un curieux palmipède se rapprochant des cormorans, le merganser, qu'ils ont capturé à l'extrémité du lac, où il vivait avec sa petite famille.

24 juillet. — Mes intrépides compagnons sont allés dans les mêmes parages qu'hier. Ils y ont passé toute la matinée, essayant de retrouver d'autres merganser, et reviennent les mains vides.

L'après-midi, nous assistons aux danses thibétaines. Installés devant ma tente, en compagnie de Jean, de Simon et des notabilités de la lamaserie, nous assistons à un curieux spectacle, qui comporte une partie de danses religieuses, exécutées pas les lamas, et une partie comprenant les différentes danses des indigènes de ces régions.

La musique des prêtres bouddhistes, composée de deux flûtes, de deux grands instruments dont la forme rappelle la trompette droite, mais dont le pavillon coulisse à la manière d'un télescope, de deux cornes et de cymbales, s'installe en demi-cercle devant nous. Les exécutants sont habillés d'une longue robe rouge; ils sont coiffés d'une sorte de mitre semi-circulaire. Suivant la tradition, ils envoient deux des leurs à quelque distance, afin de convier, à l'aide d'appels aigus, les divinités locales du Bien et du Mal à assister aux divertissements.

Sans se faire prier, deux diablotins, revêtus d'épouvantables masques, et ouvrant une bouche ornée de dents menaçantes, paraissent devant nous et se mettent à tournoyer, simulant un combat à coups de casse-tête qui se termine par une réconciliation. Les deux démons se retirent alors, et font appel à un groupe de monstres qui arrivent immédiatement. La musique fait rage. En tête de la troupe, un génie, probablement champêtre, au chef orné des bois de quelque fantastique cerf, brandit un long sabre droit. Ceux qui le suivent portent des masques horrifiants. Leurs attributs bizarres leur donnent cet aspect farouche et hideux que seule l'âme chinoise peut se plaire à imaginer.

Parvenus au centre du cercle que nous formons, ces singuliers danseurs commencent à tourner l'un derrière l'autre, se courbant jusqu'à terre lorsqu'ils se croisent et se relevant en brandissant leurs armes. Ils se réunissent ensuite par petits groupes et se livrent à de nouveaux exercices, au cours desquels chacun semble vouloir faire assaut de férocité et de sauvagerie. Les sabres fendent l'air en sifflant, tandis que la musique, dont l'ardeur est indescriptible, redouble de fureur. Je commence à me demander si quelque accident ne va pas se produire. Fort heureusement, le souffle manque aux danseurs, ils s'arrêtent enfin et regagnent, toujours accompagnés par le tintamarre infernal de l'orchestre, leur asile de la montagne, représenté aujourd'hui par une petite tente montée à 100 mètres de nous.

Le chef du district m'explique les figures qui composent ces danses. Malheureusement pour moi, l'interprète, qui traduit ses paroles en hindoustani, parle si vite, que je ne saisis çà et là que quelques bribes de son exposé. J'apprends seulement que les danses reproduisent des scènes de la mythologie bouddhique.

La première partie du programme épuisée, la seconde lui succède. L'orchestre des lamas a cédé la place à un groupe de flûtistes et de joueurs de tam-tam. Au rythme d'une musique dont la douceur contraste agréablement avec le bruit furieux de celle de tout à l'heure, un groupe de bergères s'avance. Elles marchent lentement, les unes derrière les autres, exécutant un pas très simple que les cris des spectateurs ne parviennent pas à accélérer. Après deux tours de cercle, ces danseuses s'arrêtent pour laisser la place à deux autres indigènes qui, tout en chantant, dansent avec assez de grâce un pas qui rappelle la danse indienne et tout à la fois celle, si gracieuse, des Espagnoles. Longtemps les deux petites « nautchnis » miment naïvement les paroles de leurs chansons, puis elles nous font un grand salut et s'éloignent. Nos muletiers nous montrent alors une de leurs danses. Au son de la même musique, ils se livrent à leur exercice chorégraphique favori, tout en maniant à bout de bras une sorte de long foulard.

La fête prend fin. Je remercie chaleureusement les autorités thibétaines et je prends congé de mes hôtes.

25 juillet. — Dans la nuit arrive un courrier du résident anglais de Leh. Ce haut fonctionnaire britannique ne me laisse pas toute la liberté d'action dont j'ai besoin pour poursuivre mes recherches, autorisées cependant par le vice-roi des Indes. Je lui écris donc une longue lettre que je remets

LA BÉAS PRÈS DE SA SOURCE

GOPY : TYPE DE CHASSEUR NATIF

TOMBES THIBÉTAINES SUR LE COL DU ROTANG

LAHOUL : SUMDEO

à son safrassi. Ce dernier repart immédiatement pour le Ladack.

Pendant que j'écrivais, Jean et Simon sont allés explorer le Chumigchardai, à l'extrémité sud du lac. Ils font quelques prises intéressantes et des observations d'un grand intérêt.

CHAPITRE VIII

26 juillet. — Grâce à l'amabilité du chef des lamas, nous disposons de plusieurs yacks porteurs. Nous quittons le camp de Karzok à 9 heures et demie. Nous suivons la rive du lac jusqu'à son extrémité et remontons le cours d'un torrent dans la direction du nord. Après avoir traversé une zone marécageuse, nous entrons dans un pays curieux. D'énormes touffes de genêts bossellent le fond de la vallée, qu'entourent des montagnes particulièrement élevées. A notre droite, la vue est gênée par l'existence d'un talus que nous escaladons à la fin de l'étape; nous traversons alors une sorte de haut plateau, limité vers l'est par des croupes herbeuses, au nord par un petit lac au bord duquel nous installons notre campement. Nous avons devant nous une chaîne neigeuse, bordée par une vallée qui se dirige vers le nord-est.

Notre caravane de ravitaillement ne nous ayant pas encore rejoints, ignorant quel jour nous recevrons de nouvelles provisions, nous prenons la sage précaution de nous rationner.

27 juillet. — Au départ, nous escaladons une montagne aux flancs herbeux, du sommet de laquelle nous apercevons le Tcho Morary et les montagnes qui l'entourent. Nous traversons ensuite une succession de petits plateaux, où nous surprenons une troupe de kiangs. Ils disparaissent aussitôt, à une allure vertigineuse, derrière une crête. Possédant plusieurs spécimens de cette espèce, nous ne nous arrêtons pas pour les chasser et nous continuons notre marche, descendant vers une petite vallée. Nous la traversons et nous grimpons une nouvelle pente, à l'aspect très peu différent de la première, mais dont l'altitude est notablement plus élevée (5 486 mètres au point culminant du chemin, à Nagpopoding-La). La descente sur l'autre versant est des plus pénibles. Nous campons dans la vallée de Puga où nous accueille une pluie diluvienne.

Au cours de l'après-midi, le temps s'étant remis au beau, nous partons à la chasse, suivant la petite rivière qui serpente dans la vallée et qu'encadrent des hauteurs dont le terrain, d'un bleu vert, contraste étrangement avec les roches bronzées qui constituent le fond du paysage. A chaque pas, nous rencontrons des sources sulfureuses, qui forment de petits étangs aux eaux curieusement colorées. La richesse minérale de cette région a dû être jadis exploitée, car, à plusieurs reprises, nous trouvons des ruines ayant appartenu, à n'en pas douter, à une exploitation de grande envergure.

Grâce à la nature marécageuse du sol, des centaines de palmipèdes ont élu domicile dans la contrée. Ils nichent dans les endroits les plus favorables et cette abondance de gibier nous permet de nous procurer, à la fois, de beaux spécimens pour nos collections et un aliment qui n'est pas à dédaigner.

En Roukchou, l'étude de la température dans les lieux où donne le soleil et dans ceux où règne sans cesse l'ombre froide des hautes montagnes, accuse des différences formidables. Ces conditions climatériques influent sur la faune et la flore des vallées, qui varient selon l'orientation de ces dernières.

Par exemple, les oiseaux ne choisissent jamais, pour y établir leur nid, les vallées froides et qui le demeurent pendant la plus grande partie de la journée. La faune mammalogique (marmottes, rongeurs, etc.), entomologique et herpétologique (lacertiens) confirme, par le choix des habitats, l'importance de cette constatation, dont les effets se manifestent très nettement à Puga.

Une autre remarque s'impose : à considérer les vastes contrées que nous venons de traverser et qui abritent un nombre d'espèces en somme très réduit, on est surpris du petit nombre des variétés reconnues. Malgré la similitude des milieux, on s'attendrait, en raison des barrières naturelles que représentent les hautes montagnes de la chaîne himalayenne, à trouver un grand nombre de formes distinctes, formées par ségrégation. L'explication logique de cette pénurie de races spéciales ne peut s'appuyer que sur la constance du milieu. Celui-ci, étant nettement caractérisé, ne peut influencer de façons différentes, ou même graduées, tous les animaux qui l'habitent. Aussi formidables qu'ils paraissent au regard de l'homme, les obstacles géographiques ne suffisent pas, en effet, à séparer ces territoires en différentes zones ayant leur faune propre, comme nous avons pu l'observer dans d'autres contrées.

Les théories des naturalistes russes Kropotkine, Korchinski, celle de l'Américain Burbank, malgré la différence de leur point de départ, expliqueraient peut-être en quelque mesure la pauvreté relative de cette faune. Contrairement à la théorie de Darwin, d'après laquelle les effets de la sélection naturelle s'exercent surtout au cours des périodes pénibles où la lutte entre les animaux est devenue une question de vie ou de mort, ces naturalistes ont constaté que, dans les régions du nord de l'Asie, les animaux sortent tellement affaiblis des temps d'épreuves qu'ils ont traversés, qu'aucune évolution progressive ne saurait devenir le fruit des compétitions entre les diverses espèces.

Je n'insiste pas sur cette constatation précise, dont l'intérêt scientifique n'échappera pas au lecteur.

28 juillet. — Dès le matin, une pluie fine se met à tomber. Je fais rapidement plier les tentes afin qu'elles ne soient pas alourdies par l'eau, et, vers 10 heures, nous nous mettons en route à travers la vallée dont la nature des terrains tertiaires contraste avec la forme archéenne des étapes précédentes. Un rayon de soleil discret perce à ce moment les nuages et la perspective du beau temps égaie les muletiers. Notre route traverse des marais. Nous y chassons, en passant, et nous parvenons à l'entrée des gorges. Le torrent que nous longeons se grossit à cet endroit de deux affluents; puis il s'engage au milieu des montagnes, entre les flancs desquelles il trace son cours capricieux, ombragé par de hauts arbustes dont la forme rappelle un peu celle des tamaris.

Nous marchons pendant une douzaine de milles, puis nous apercevons, à un détour de la montagne, une large vallée dans laquelle débouche la nôtre. C'est celle de l'Indus. Nous y sommes en quelques instants. Large d'une soixantaine de mètres, le grand fleuve asiatique roule ses eaux jaunâtres entre deux rangées de hauteurs. Ne pouvant le traverser au point où nous nous trouvons, nous remontons son cours le long de la rive gauche.

Le paysage est d'une désolante aridité, mais ne manque pas de grandeur. La vallée s'élargit du reste bientôt et nous offre, grâce aux massifs qui s'étagent des deux côtés, des panoramas merveilleux.

Rosées, verdâtres ou jaune soufre, parfois stratifiées obliquement de deux teintes différentes, ou rayées verticalement sur toute leur hauteur, les montagnes de cette région contribuent à lui donner un aspect très particulier. Comme nous ne pouvons nous arrêter, à cause du manque de nourriture pour nos bêtes, nous devons encore parcourir douze nouveaux milles avant d'arriver en face d'un village thibétain appelé Nima Mud, où nous installons notre campement.

29 juillet. — Je suis réveillé par les cris des passeurs. Montés sur leurs outres gonflées, ils traversent des marchandises d'une rive à l'autre.

Du camp, la vue est assez belle. A nos pieds l'Indus coule entre ses berges, dont le niveau ne dépasse guère celui du fleuve. Le cours de celui-ci est parsemé d'îles à peine surélevées. En amont, la vue s'étend jusqu'aux sommets du Thibet, qui s'élèvent derrière une double chaîne de montagnes formant un pittoresque encadrement à la vallée couverte d'herbe rase.

En aval, le paysage est moins gai. Un groupe de hauteurs moyennes rayées de rouge brique et de gris verdâtre, obligeant le fleuve à faire un crochet, donnent au tableau un aspect tourmenté. En face du camp, de l'autre côté de l'Indus, dans un creux formé par la réunion de trois petites vallées qui se rencontrent au pied de la montagne, est bâtie Nima Mud. Cette bourgade, posée au haut d'un rocher, comme un nid d'aigle, a des apparences de forteresse. A ses pieds, les vertes cultures des indigènes forment une délicieuse oasis. Quelques arbres poussent même autour du village, auquel ils donnent une certaine gaieté.

Dans la matinée, je fais appeler le mouchi du gouvernement. Il habite une petite cahute, à côté du camp. Je lui demande des renseignements sur la route que j'ai l'intention de suivre sur l'autre berge. Cet homme m'apprend qu'à cause de la crue actuelle du fleuve, il serait dangereux de le traverser. La caravane y laisserait la moitié de ses bagages. De plus, nous ne pourrions pas suivre la rive, puisqu'elle est recouverte par les eaux.

Nous voici donc obligés de revenir sur nos pas et de chercher à atteindre Leh par les cols, pour en repartir sur la rive opposée, tout autre passage nous étant fermé en amont. Du reste, la caravane de ravitaillement ne nous a toujours pas rejoints. Il nous est impossible de prolonger notre séjour dans ces pays inhospitaliers, car, malgré notre rationnement, c'est tout à peine s'il nous reste des vivres pour dix jours.

Après le déjeuner, je vais reconnaître les environs et j'abats quelques oiseaux intéressants. A mon retour au camp, j'apprends que mes taxidermistes ont gâté la viande que je leur avais fait garder pour le dîner. Au lieu d'un excellent canard aux champignons et d'un civet de lièvre, sur lesquels nous comptions, nous devons serrer d'un cran nos ceintures, selon la juste expression populaire.

30 juillet. — Nous refaisons en sens inverse le chemin parcouru avant-hier. Pour abréger l'étape, j'ai décidé de faire halte dans les gorges de Puga, où nous arrivons vers 2 heures et demie. Le camp est à peine installé, que l'un de mes hommes (Shota Ibraïm), qui était en train de chasser les insectes, revient en courant m'avertir qu'il vient de voir une troupe de vingt moutons sauvages se désalterant à un demi-mille en amont du camp. Nous partons aussitôt et surprenons ces bêtes derrière une crête, où elles se sont déjà retirées. Après une fusillade nourrie, nous parvenons à rapporter au camp trois de ces animaux. Mes hommes en retrouveront sans doute d'autres, demain, dans la montagne, car nous sommes sûrs d'avoir blessé au moins deux de ces bêtes, en plus de celles que nous avons abattues au premier feu.

Voilà le camp fourni de viande pour plusieurs jours. Cette

aubaine remplit de joie les caravaniers, qui souffraient de l'absence de leur mets de prédilection.

31 juillet. — Nous levons le camp assez tard. L'étape n'est pas longue. Nous surprenons une bande d'ovis nahura, à la sortie des gorges. Je n'ai pas ma carabine. Jean tente seule la chance et les poursuit avec mon « paradox ». Ne disposant que de quatre balles, il n'a pas la chance d'abattre son gibier. Nous nous rattrapons plus loin, dans les marais, où nous faisons une superbe chasse. Nous assistons également à une extraordinaire pêche. Ayant découvert la présence de nombreux poissons dans une cuvette formée par le torrent, nos muletiers se sont mis à l'eau, rabattant à coups de gourdin et poussant ces animaux vers quelques-uns d'entre eux, qui, à l'aide de leurs turbans ou de couvertures tendus en guise de filet, les saisissent au passage et les lancent sur le talus. Amplement munis de victuailles, nous rallions le camp, placé à 2 milles au-dessus de celui qui nous avait abrités les jours précédents.

Vers le soir, l'un de nos petits chevaux de bât meurt de fatigue et de privations. Ces pauvres bêtes font pitié; mais nous ne pouvons rien pour elles. Elles auraient besoin de deux ou trois jours de repos dans un pâturage bien abrité. Malheureusement le pâturage qui remplirait ces conditions n'existe pas dans la contrée. Nous y trouvons même avec peine, au jour le jour, la provende que réclament nos chevaux.

Après un succulent dîner, composé de poissons et de viandes (Ibraïm a retrouvé ce matin dans la montagne l'un des moutons blessés), nous regagnons nos tentes. Nous sommes réveillés au milieu de la nuit et nous devons nous lever en toute hâte pour repousser une attaque de chiens sauvages. Malheureusement, nous ne pouvons pas les tirer facilement, à cause de l'obscurité.

1er août. — Nous levons le camp à 10 heures. La vallée de Puga, que nous suivons, s'élève insensiblement entre de hautes montagnes à peine rocheuses, dont les éboulis ont comblé par endroit la presque totalité de la cuvette. Ces passages gênent considérablement nos chevaux. Nous atteignons cependant le col de Polokonka sans incident. Ce point élevé, recouvert d'herbes en dépit de sa forte altitude, est très large et donne sur une vallée qui présente le même aspect que la première, dont elle paraît être le simple prolongement. Après une descente mouvementée, nous arrivons en vue des lacs Salés. Ils s'étendent devant nous, entourés par une double chaîne de montagnes. La nature de leurs roches doit-être cristallophyllienne ou granitique. Les sommets les plus éloignés sont recouverts de neige.

L'aspect du lac principal, avec ses immenses dunes de sable et ses bancs de sel fin que de curieux tourbillons de vent soulèvent parfois, est des plus étranges. Nous nous arrêtons sur l'une de ses rives. Pendant que ceux qui sont arrivés avec nous prennent les premières dispositions en vue d'établir le camp à cette place, je traverse la petite rivière à l'eau profonde qui relie les deux lacs et je m'arrête de l'autre côté du cours d'eau, afin de photographier la caravane pendant ce passage assez difficile. Justement, j'aperçois au loin la tête du convoi. Ce dernier longe le flanc de la montagne. Contrairement à ce que j'attendais, au lieu d'obliquer pour venir à moi, les muletiers continuent à marcher devant eux, s'éloignant à mesure que je les regarde. Une bande d'oiseaux passant à ma portée, je fais feu à plusieurs reprises, avec l'espoir que mes caravaniers regarderont dans ma direction. Mon espoir est déçu ; j'ai beau brûler des cartouches, crier, tempêter et me démener, mes muletiers ne se détournent pas et je les vois marcher imperturbablement dans une direction opposée à celles qu'ils devraient suivre.

Je retourne en toute hâte à l'endroit où j'ai laissé mes compagnons et j'envoie mon guide à cheval à la recherche du convoi. Nous allons ensuite chasser autour des lacs.

Au coucher du soleil, nous rallions le point de rendez-vous fixé au guide et quelle n'est pas ma surprise en ne retrouvant que mon saïs, qui gardait les chevaux pendant notre absence. Le guide n'est pas revenu. J'inspecte les environs avec mes jumelles, mais sans découvrir la moindre trace de la caravane.

De longues heures s'écoulent. Le vent souffle par rafales. J'ai l'impression pénible que les muletiers nous ont abandonnés pour s'enfuir avec le matériel. Certes, si grave qu'il paraisse, le fait n'est pas isolé comme on pourrait le croire ; dans ce cas, nous serions perdus sans rémission, car nous n'avons ni vivres, ni cartes et à peine quelques cartouches. Que faire, d'ailleurs, si ce n'est se résoudre à passer la nuit dans ce lieu ? Nous attendons donc patiemment.

Comme la lune se lève, le vent se calme un peu ; mais le froid reste vif. Vers 11 heures, nous apercevons enfin des lumières qui se dirigent vers nous. Quelques instants plus tard, une partie des muletiers arrivent chargés d'une tente et munis du panier à provisions que j'avais fait préparer pour le déjeuner. Nous nous réfugions avec joie sous notre abri de toile et nous nous mettons à manger, car nous mourons de faim.

2 août. — Le boy, le guide et la plupart des hommes se prétendent indisposés. C'est là, n'est-ce pas, ce qu'il est convenu d'appeler un malaise diplomatique ? Ils craignent sans doute mes reproches. Je n'y pense guère. D'ailleurs, pour sa part, le boy est véritablement fatigué et je renonce à obtenir de lui les éclaircissements utiles pour établir les diverses responsabilités.

Dans l'après-midi, nous allons à la chasse et nous capturons de nouvelles espèces. La partie du grand lac que je visite ne manque pas de m'intéresser, tant par sa conformation que par ses dunes, formées d'une sorte de glaise salée, dont je n'aurais jamais soupçonné l'importance, pas plus du reste que celle des grands étangs qu'elles forment entre elles.

3 août. — J'avais calomnié mes hommes. Leur malaise est réel. Ils sont atteints de dysenterie. Il neige légèrement, et ces deux circonstances m'obligent à différer l'heure du départ. Peut-être le malaise dont se plaint le personnel provient-il de l'eau qu'ils ont absorbée et qui pourrait bien contenir quelques sels minéraux ?

Fort heureusement, l'étape d'aujourd'hui sera courte, une dizaine de milles au maximum. Nous partons après le déjeuner et nous suivons la bordure ouest du lac, traversant une partie de la lande stérile qui remplit le reste de la vallée.

Je fais placer le camp au dernier point d'eau. Celui-ci se trouve à l'entrée d'un nouveau vallon, que nous suivrons demain pour atteindre le pied du col de Tagaland, qui se trouve dans la direction du nord-ouest.

A peine sommes-nous un peu reposés, que l'un de mes caravaniers vient m'annoncer la présence de deux kiangs, à moins d'un demi-mille. Je pars et je tire ces animaux, sans les blesser. Jean, qui a entendu mes deux coups de fusil, se lance à la poursuite du gibier. Plusieurs heures s'écoulent et nous sommes entrain de dîner lorsque rentre mon compagnon. Il a pu abattre un vieil hémione mâle. Nous voilà pourvus de viande fraîche pour plusieurs jours.

4 août. — L'étape que nous devons fournir aujourd'hui sera longue et fatigante. Je fais cependant lever le camp assez tard, car je n'ai pu dormir, souffrant de névralgies occasionnées par le froid vif.

Nous nous mettons en route à 10 heures, dans une vallée aux flancs rougeâtres et dénudés, qui s'allonge irrégulièrement entre des croupes de montagnes dont le sommet est invisible. Chacune de ces montagnes, à cause de sa ressemblance avec celle qui lui fait face, donne au paysage un aspect surprenant. Sur les flancs s'ouvrent d'étroits vallons, qu'un petit massif central sépare d'une arête placée entre les croupes.

En face de nous, dans le fond de la vallée, se dresse un haut massif, dont la pointe est curieusement découpée sous la neige qui la recouvre. Souffletés par une bise glacée, nous allons dans sa direction.

Après une heure de marche, nous laissons à notre gauche un coin de terrain resté vert et qui s'étend entre des montagnes aux sommets recouverts de neige fraîchement tombée. Mon chef caravanier marche à mes côtés. Il me fait remarquer les traces du chemin que nous avons abandonné, le 15 juillet dernier, à une marche, environ, du col de Lacha Lang.

Notre sentier est à chaque instant, à partir de ce point, jalonné par des blocs de pierre, recouverts d'inscriptions thibétaines retraçant les divers préceptes de la religion bouddhique. On les a placés là en vertu de la pieuse coutume qui veut que tout personnage de marque en déplacement laisse sur sa route des témoignages durables de sa foi en la divinité.

Deux heures après avoir retrouvé le chemin qui mène au Ladack, nous quittons définitivement la vallée et entrons dans un petit vallon qui contourne le massif aperçu ce matin.

Nous arrivons ainsi au pied du col de Tagaland, où nous établissons notre camp dans le voisinage des tentes thibétaines de Debring.

5 août. — Au réveil, nous sommes glacés. Le vent qui vient des montagnes aggrave notre souffrance. Le camp est recouvert de neige tombée pendant la nuit.

Vers 10 heures, je consulte le thermomètre. Il marque + 2°. Le soleil n'est pas encore visible, mais, derrière la couche des nuages, sa clarté se fait pressentir. Comme le blizard souffle sur les hauteurs, nous devons attendre une accalmie. Il serait périlleux d'affronter la montagne dans l'état d'épuisement où nous sommes.

A midi, le temps se lève un peu. J'en profite pour donner le signal du départ, car je crains, si nous séjournons ici quelques heures de plus, de me trouver bloqué par les neiges. Mes caravaniers cherchent alors un prétexte pour ne pas partir. Ils craignent, me disent-ils, que leurs chevaux ne soient victimes d'accidents. Du reste, ils ont eu le soin de les laisser en liberté et ils se déclarent incapables de les rattraper. Je fais la grosse voix et je leur réponds que je partirai en pleine nuit plutôt que de rester là. Ils se décident alors, et, trois heures plus tard, le convoi s'ébranle.

Nous nous trouvons bientôt dans un véritable océan de nuages. La neige recommence à tomber, recouvrant entièrement le sol d'où émergent, çà et là, de grosses roches jaunâtres qui servent de points de repère à mon guide thibétain.

Durant une éclaircie de quelques minutes, j'aperçois la masse confuse de la chaîne du Tagaland, que nous sommes en train d'escalader. Elle paraît se réunir, vers la gauche, à un autre massif montagneux moins important.

Lorsque nous parvenons au haut du col, le vent a cessé.

Le brouillard est si dense que je ne vois plus mon guide et que je dois mettre pied à terre pour le suivre à la trace.

La nature du terrain, fort heureusement, n'est pas trop mauvaise et rappelle celle des montagnes qui bordent le Tcho Morary.

Une nouvelle éclaircie nous permet de surprendre un vol de coqs de roche (*Tetraogallus tibetanus*); malgré les difficultés et la gêne que nous fait éprouver la grande altitude, cette capture nous paraît si intéressante que Jean fait tous ses efforts pour la réussir. Ils furent à notre grande satisfaction couronnés de succès. Le léger voile de vapeurs qui nous environne, tout en augmentant le danger de la poursuite à travers un terrain relativement glissant, lui en facilite l'approche et il a la chance inespérée d'abattre trois de ces intéressants spécimens.

Après une descente relativement facile, nous sortons des nuages et nous apercevons le fond verdâtre d'une cuvette encadrée de versants à la teinte rouillée. La pluie a remplacé la neige. Nous sommes mouillés comme des caniches, mais nous marchons d'un bon pas afin d'arriver avant la nuit à l'extrémité du vallon. Les montagnes qui le surplombent diminuent graduellement de hauteur. Elles cessent bientôt pour permettre au torrent, dont nous suivons le cours, de faire sa jonction avec une faible rivière venant d'un vallon rapproché. Leurs eaux réunies arrosent la vallée de Gya, qui s'ouvre en face de nous, bordée de hautes montagnes escarpées. Il nous faut un long moment pour atteindre le village du même nom. Ce dernier est bâti sur le bord d'une forte rivière venant de l'est. La marche, fort heureusement, devient de plus en plus aisée. Nous cheminons à travers des cultures et parvenons à Gya au moment où la nuit se fait. Très accueillants, les indigènes allument un bon feu. Sa haute flamme nous réchauffe. Elle nous permet aussi d'admirer un

spectacle savoureux : celui de nos hôtes thibétains, formés
en cercle autour de nous; leurs poignards reluisent, passés
dans leur large ceinture. Accroupis comme nous autour des
tisons, ils nous examinent en silence. La fauve lueur du
foyer donne à leur physionomie de montagnards une expression farouche qui ne manque pas de grandeur. De temps à
autre, l'un d'eux se lève et jette une poignée de branches sur
le feu. Celui-ci crépite et dégage une senteur puissamment
aromatique. Quatre heures plus tard, la caravane nous rejoint
et nous pouvons monter les tentes entre deux dagobas,
dont les hauts sommets se détachent dans le ciel étoilé.

6 août. — Au départ de Gya, après le déjeuner, nous passons devant plusieurs dagobas, à l'allure de pagodes, où
reposent les dépouilles des anciens chefs de la bourgade.
Nous pénétrons ensuite dans de larges et superbes gorges
creusées dans des terrains tertiaires, dont l'aspect est assez
curieux. Les montagnes sont recouvertes, par endroits, de
rochers aigus, en groupes ou séparés, qui forment des
couloirs dont l'extrémité supérieure débouche sur la hauteur
même, à son point le plus élevé. Parfois massifs et robustes,
parfois fragiles au point que l'on pourrait craindre pour eux
la simple pesée du vent, ces rochers retiennent longuement
notre attention.

A moitié route de l'étape, nous rencontrons un petit village
entouré d'arbres. Cette végétation contraste avec l'aridité
générale du paysage. En Européens impénitents, nous
éprouvons une joie enfantine à trouver sur notre chemin une
apparence de verdure. C'est un peu comme si nous repre-
nions contact avec les formes habituelles de la vie et les
douceurs de la nature, au sortir des mornes espaces que,
des jours durant, nous avons traversés et dont nous avons
pu admirer la sauvage et solitaire beauté.

PONT THIBÉTAIN

TRAVERSÉE DES HIMALAYA : LE SENTIER DU BARA-LACHA

VALLÉE EN DESSOUS DU LACHA-LANGO-LA

GYPAÈTE ABATTU A ZINGZINGBAR AU PIED DU COL DE BARA-LACHA

Au coucher du soleil, nous sommes à Upchi. Ce hameau est bâti sur le bord de l'Indus, à la sortie des gorges dont j'ai parlé plus haut. Je fais monter les tentes à l'abri de quelques arbustes.

La réponse du résident de Leh me parvient dans la soirée. Malgré les explications que lui donnait ma lettre, il se refuse à me laisser poursuivre mes recherches sur les territoires situés en dessous du Tagaland, ainsi que sur la rive droite de l'Indus. Il me recommande même de retourner sur mes pas, si j'ai dépassé ces limites.

Je me trouve malheureusement dépourvu de tous les moyens qui auraient pu me permettre de suivre la ligne de conduite que me trace le fonctionnaire résident. J'ai des malades avec moi; puis, nous manquons de vivres. Je prends donc le parti de récrire et de lui faire observer que la lettre officielle du gouvernement des Indes m'accrédite auprès de tous les fonctionnaires anglais, sans exception, et leur prescrit de me prêter assistance. Je l'informe que je me vois forcé de passer outre à ses instructions; je m'en excuse et j'insiste sur le caractère purement scientifique de ma mission et sur les raisons impérieuses qui m'obligent à aller de l'avant.

7 août. — Nous levons le camp de bonne heure et nous suivons le bord de l'Indus, dont l'aspect général rappelle par son aridité celui que nous avons déjà vu aux environs de Nima Mud. Il est même moins pittoresque, puisque les montagnes ne présentent pas, ici, la curieuse coloration des rives du haut Indus, quoique la composition des roches soit semblable *(Tertiaire à Nummulites)*. Les cultures indigènes rompent cependant la monotonie du terrain. Nous arrivons à Marsalang un peu avant midi. Nous allions prendre notre déjeuner, lorsqu'un Européen, qui reposait depuis un moment sous un arbre voisin, se lève et vient à nous. Quelle n'est pas ma surprise, lorsque je reconnais un officier anglais. Il m'apprend qu'il est venu dans ces lieux pour y chasser et il ajoute, avec le flegme stupéfiant de sa race, que la guerre vient d'être déclarée!

Comme j'ai entendu dire, récemment, qu'un missionnaire a été assassiné près de la frontière thibétaine, je pense immédiatement qu'il s'agit d'une guerre locale. Mon aimable interlocuteur se rend compte de ma méprise; il précise : « — Ce n'est pas ici, mais en Europe, que l'on se bat. Votre pays est aux prises depuis plusieurs jours avec l'Allemagne. L'Angleterre elle-même ne va pas tarder à entrer en lice pour vous aider. »

Mille questions se pressent sur nos lèvres. Nous entourons celui qui parle et le regardons avec des yeux interrogateurs. Il prend alors la peine de nous expliquer les récents événements, inconnus de nous : l'assassinat du prince héritier d'Autriche-Hongrie, soi-disant par des Serbes; l'ultimatum adressé par la double monarchie à la jeune nation slave; l'attitude digne mais conciliante de cette dernière; l'intervention de la Russie, qui ne pouvait permettre aux armées de François-Joseph de franchir le Danube et qui prévenait l'Allemagne de son intention d'empêcher, fût-ce par la force des armes, l'envahissement de Belgrade. Il nous montre l'Allemagne refusant la réunion d'une conférence, mobilisant en cachette, décidée à écraser notre cher et valeureux pays, peu préoccupé cependant de gloire militaire. Nous devons nous incliner devant la précision des faits. Notre informateur ajoute que le gouvernement britannique ne pouvait pas ne pas intervenir et que la victoire se rangerait sous les drapeaux de l'Entente, qui allaient se couvrir d'une gloire nouvelle.

Saisis d'une émotion indéfinissable, nous nous découvrons

tous et nous poussons, en l'honneur de nos armées, trois
vigoureux hurrahs. Nous nous taisons ensuite, étreints par
l'angoisse poignante de ce qui se déroule sur le sol de notre
patrie. Poussés par le désir légitime de la servir pacifique-
ment, dans la mesure de nos forces, nous sommes venus arracher leur secret à la faune et à la flore de ces contrées lointaines, nous avons essayé d'enrichir les collections de notre
pays, et voici qu'à cette heure des millions d'hommes peuvent
répondre à l'appel des armes, se presser vers les dépôts où
on les équipe rapidement, tandis que nous sommes ici,
impuissants à servir la France, à remplir notre rôle dans
cette tragédie qui met en péril son espoir! Notre devoir nous
apparaît, sans hésitation possible. Il faut partir en toute hâte,
rejoindre un port français, aller mettre au service des nôtres
nos bras, notre jeunesse, notre vie si le sort des batailles
veut que nous la donnions. Vite, vite, surtout. La guerre
sera courte. Les armements perfectionnés réduiront sa
durée. Il faut arriver assez tôt pour participer aux souffrances, ne pas être seulement du triomphe, mais également
des combats.

Mon parti est pris sur-le-champ. Notre marche sur Leh ne
me semble plus impossible. Pour atteindre Srinagar et les
Indes, n'est-ce pas le chemin le plus rapide? Un fonctionnaire, officier anglais, pourrait-il s'opposer au passage de
nationaux d'un pays allié, qui vont vers leur devoir?

Nous expédions notre repas, en compagnie du lieutenant
anglais, et repartons à bonne allure. A la nuit, nous avons
atteint le village de Chuchot, où nous campons dans un
enclos planté d'arbres, face à un autre village construit sur
un rocher à pic.

8 août. — Malgré la fatigue résultant de notre longue
marche de la veille, nous sommes debout de bonne heure.

Nous avons mal dormi. Dans le silence de nos tentes, des visages aimés défilaient parfois sous nos yeux. L'inconnu de la guerre, l'incertitude où nous sommes touchant les premiers contacts entre les belligérants, pesaient sur notre esprit.

C'est avec joie que nous apercevons, au sortir de la tente, les arbres et les buissons de l'enclos. Un chaud soleil brille sur les choses; des moineaux sautillent dans les branches. Ce tableau suffit à dissiper la mélancolie et la tristesse de la nuit.

A 10 heures, nous levons le camp et nous nous dirigeons vers Leh, dont nous apercevons les arbres entre deux collines. Nous suivons d'abord la lisière des cultures de Shushot, que nous traversons, puis nous gagnons l'Indus. Là, nous nous formons en groupes, afin de traverser le fleuve à la nage, à l'endroit précis où se trouvait autrefois un gué. Le passage ne s'effectue pas sans difficulté; les eaux sont profondes et le courant est violent. Nous ne perdons cependant aucune charge et nous prenons pied au complet sur l'autre bord. Après une légère pause, nous repartons allégrement. Sur les bords du chemin, de nombreux amas de pierres sacrées, encadrées presque toutes par des sortes de dagobas plantées à chacune de leurs extrémités, rompent la monotonie du paysage.

Nous atteignons bientôt un col, que nous avions déjà aperçu dans le lointain, entre les montagnes, et découvrons Leh, à la sortie de cet étroit couloir. Nous pénétrons en ville par un faubourg, qui conduit à la porte monumentale donnant accès à une avenue bordée à droite par des peupliers. Les principales échoppes ouvrent leur devanture sur cette large avenue, au bout de laquelle commencent les ruelles tortueuses de la ville indigène. Un ancien fort et les habitations des lamas sont bâtis sur la colline et dominent de haut le reste de l'agglomération.

Après quelques détours, nous arrivons au bungalow, en face d'un petit étang. Un officier anglais, le major C..., qui y est déjà installé, nous aide à prendre possession de la partie inhabitée. Très aimablement, il m'offre le thé. Je le quitte pour rendre visite à l'assistant résident. Des permis me sont nécessaires pour pénétrer sur les territoires du Kachmir, notre route la plus rapide pour revenir aux Indes. Je me flatte aussi de dissiper rapidement le malentendu qui s'est élevé entre ce haut fonctionnaire et moi.

Après quelques minutes d'attente, je suis introduit. Le résident est un homme jeune encore, mais très guindé. Je m'aperçois très vite qu'il prend ombrage de ce que j'aie persisté dans mon intention de traverser les territoires qu'il a à surveiller, sans suivre la filière habituelle.

J'ai beau lui montrer les pièces officielles dont je suis muni, et particulièrement l'autorisation du gouvernement impérial des Indes. C'est peine perdue. Ce fonctionnaire ne veut en aucune manière reconnaître son erreur. Je lui expose en vain que, la guerre étant déclarée, nous devons, dans le plus bref délai, rentrer en France et je lui demande simplement de vouloir bien m'autoriser à passer sur son territoire, ceci afin de gagner du temps. Il refuse encore et me répond, d'un air glacial, que nous n'avons qu'à repartir par le même chemin.

Convaincu de l'inutilité de mon insistance, je prends congé du peu aimable fonctionnaire et je vais au bureau télégraphique, d'où je câble au consul général de France, afin de le mettre au courant.

CHAPITRE IX

9 août. — Je ne me sens pas bien. Aussi vais-je voir, dans
la matinée, un missionnaire qui passe pour docteur, et qui,
d'ailleurs, ne me découvre aucune maladie, mais de simples
symptômes d'épuisement.

Nous passons le reste de la journée au bungalow, en raison
de la pluie. Dans la soirée, j'apprends de mes hommes que
le chef de la ville leur a refusé du bois et de la farine, sous
prétexte que mes passeports ne sont pas en règle.

Cette mesquinerie, qu'à tort ou à raison j'attribue à mon
interlocuteur d'hier soir, me surprend beaucoup. Les fonctionnaires anglais ne m'avaient pas habitué à des chinoiseries
pareilles. Mon chef caravanier a du reste tourné la difficulté.
Ce qu'il m'en dit n'est que pour me prévenir.

Le soir, le major C... nous apprend que les Belges ont
arrêté les Allemands qui envahissaient leur pays. C'est une
grande victoire. L'aimable officier me confie ensuite que
l'assistant résident est fort ennuyé à notre sujet. Il existe,
paraît-il, une vieille convention avec les indigènes, qui fixe
à huit le nombre des caravanes européennes autorisées à
parcourir chaque année les terres du Ladack. Évidemment,
nous sommes en plus de ce nombre.

10 août. — Le docteur m'offre de jolis papillons et me fait
envoyer des légumes. Grâce à sa médication, mes névralgies
se dissipent, mais je demeure faible.

L'après-midi, je vais faire un tour dans Leh, dont le quartier indigène paraît intéressant. Je descends avec Simon jusqu'à la grande avenue des peupliers; nous montons ensuite vers le fort et l'ancien palais des lamas, qui dominent la cité. Nous traversons le bazar, bâti en gradins, et auquel le sommet pittoresque des dagobas donne un aspect étrange. A travers de sordides ruelles, nous nous livrons à la recherche des coins artistiques. A part une partie de rue très accidentée, et qui passe parfois sous les habitations, où elle n'a plus qu'un mètre soixante de hauteur, rien n'attire spécialement notre attention. Les maisons de Leh ont toutes des murs droits, recouverts d'une sorte de boue. Les rares et misérables échoppes que nous rencontrons manquent de caractère. Aussi abandonnons-nous de bonne heure la visite des quartiers hauts et retournons-nous à la rue principale. Nous allons de là à la Mission, dont les jardins sont remplis de bosquets.

En rentrant au bungalow, nous apprenons que nos armées sont entrées en Alsace et ont remporté une grande victoire sur les Allemands. Nos cœurs battent plus vite et nous frémissons d'impatience.

11-12 août. — Nous devons attendre, à Leh, l'intervention de notre consul. L'assistant résident nous refuse toujours l'accès de son territoire. Le 12, au soir, il me fait dire qu'il compte sur notre départ immédiat pour le Roukchou. En présence de cette décision, qui va me priver de la réponse du consul de France, j'adresse au fonctionnaire anglais, sous pli recommandé, une protestation polie, mais très ferme. Je l'informe que je le tiens pour responsable de ce qui peut arriver à la caravane. Il s'amadoue alors et fait quelques concessions. Peu de temps après, probablement à la suite d'un ordre de son gouvernement où je retrouve l'intervention

GORGES EN DESSOUS DE LACHA-LANGO-LA

MONTAGNE DU ROUSKSHOU : DÉPRIMOZ SUR LA PISTE DE LA CARAVANE

GLACIER DANS LA RÉGION DU TCHO MORARI

TCHO MORARI

du consul de France, il m'autorise à passer avec mes compagnons, mais à la condition que la caravane prendra une autre route. Cette décision est ennuyeuse. Nous ne pourrons pas disposer d'un nombre de chevaux porteurs suffisant pour emmener nos lits avec nous, d'autant plus que nous devons nous munir des vivres nécessaires pour la durée du trajet. Je fais cependant contre mauvaise fortune bon cœur et prends mes dispositions en conséquence.

13 août. — Nous quittons Leh à 10 heures du matin. Arrivés au bord de l'Indus, nous suivons la rive jusqu'au but d'étape. Un peu avant de l'atteindre, nous escaladons une pente du haut de laquelle nous apercevons la ligne des montagnes. D'échelon en échelon, leurs sommets s'étagent, leurs dernières cimes sont recouvertes de neige. En aval, le paysage a le charme de la nouveauté. Plongeant entre deux versants montagneux, nos regards contemplent une partie de la vallée largement ouverte mais resserrée par endroits entre de curieuses chaînes de collines latérales que de longs espaces déserts isolent des versants. L'Indus coule de l'autre côté de la vallée, dans un bas-fond qui semble former cuvette.

Nous descendons vers le fleuve par le lit desséché d'un ancien torrent, qui serpente entre des parois rocheuses dont l'aspect est assez curieux. Leurs murailles à pic paraissent découpées dans un sol formé de pierrailles et de terre.

Au sortir de ce défilé, nous rejoignons le fleuve, qui forme un coude. La campagne redevient florissante et nous suivons, pendant les derniers milles, un petit chemin creux dont les murs recouverts de lavande et de clématites se continuent jusqu'au caravansérail. Nous nous établissons dans deux chambres minuscules, dont la poussière ferait reculer avec horreur l'hygiéniste le moins convaincu.

14 août. — Nous avons quitté le caravansérail de Snimo vers 8 heures. La campagne est plantée d'arbres et, dans les jardins, nous remarquons de nombreux pommiers et abricotiers recouverts de fruits.

Après avoir traversé un village, nous montons vers un petit col, situé entre des collines arides, dont la masse coupe en deux la vallée de l'Indus. Nous prenons pied sur un haut plateau, où nous continuons notre marche. Le terrain est sec et pierreux et tout aussi monotone que les plaines du Roukchou. Avant d'arriver à l'étape, nous avons la bonne fortune de surprendre une troupe de grands moutons sauvages. Ils s'enfuient à notre approche; mais nous pouvons malgré tout les observer à distance pendant un grand moment.

Nous redescendons ensuite vers l'Indus; parvenus à son niveau, nous retrouvons les cultures de céréales et les plantations d'arbres fruitiers.

Le bungalow qui nous reçoit est plus confortable que celui d'hier. Il possède même deux bois de lit, luxe excessivement rare dans ces contrées. Pour aujourd'hui, nous ne serons pas obligés de dormir sur le sol.

15 août. — Les cultures de Saspul s'étendent jusqu'à l'Indus, dont le lit encaissé occupe le fond du vallon. Nous nous mettons en route vers 8 heures. Après avoir dépassé les champs, le chemin s'engage dans la vallée, sur la rive même du fleuve, dont il épouse exactement les contours. A peu de chose près, le paysage est le même que celui du haut Indus. Les montagnes revêtent les mêmes teintes que celles des environs de Nima-Mud. Toutefois, l'aridité du terrain est coupée, à deux reprises, par la tache de verdure que font de petits villages entourés d'arbres.

Le chemin passe ensuite sous des rochers bronzés qui le dominent de toute leur hauteur et longe la bourgade de Nurla.

Tout autour des habitations, nous admirons de beaux blés mûrs.

Le bungalow de Nurla, bien que très mal placé, nous offre un abri convenable. Il contient aussi quelques lits. Dans la soirée, les Pères d'une Mission voisine me font tenir des légumes frais. Nous leur faisons l'accueil que de telles friandises peuvent recevoir de gens privés de ce régal depuis plusieurs mois.

16 août. — Vers 7 heures, nous quittons le Dack. Nous suivons toujours la vallée de l'Indus, qui ne change pas d'aspect et rappelle, par endroits, certains des paysages rencontrés dans la vallée en deçà de Puga.

Vers 10 heures, nous sommes en vue d'un groupe d'arbres et d'habitations en avant desquels se dresse un obélisque. Ce monument perpétue la mémoire d'un naturaliste, le docteur Stoliczka, mort en ce lieu il y a quelques années.

Nous sommes à Kalatse, pays où se trouve la Mission qui nous a envoyé hier soir des légumes. Je m'arrête, pour remercier les Pères, et l'un de ceux-ci, le révérend Reichel, m'offre très aimablement de beaux papillons de la contrée, parmi lesquels plusieurs sont d'une espèce rare. En quittant la Mission, je traverse le village, bâti au centre des cultures, où se remarquent plusieurs gros noyers, aux fruits presque mûrs.

Courte halte, à l'ombre des arbres, pour prendre un frugal repas. Nous repartons ensuite et nous traversons l'Indus au moyen d'un pont suspendu qui paraît de construction récente.

Sur l'autre rive nous suivons le bord du fleuve jusqu'à sa jonction avec la Wanla-River. Nous remontons alors ce dernier cours d'eau à travers un défilé pittoresque, qui s'élargit ou se resserre de place en place, formant des gorges curieuses où les eaux s'écoulent entre des rochers bleutés, dont la

teinte se marie admirablement avec celle du torrent. Au-
dessus, les montagnes bronzées s'élèvent à pic et la vallée
devient parfois tellement étroite, que le sentier a tout juste la
place nécessaire pour se glisser entre les rochers. Après une
longue marche à travers ces gorges, nous aboutissons à un
affluent du torrent. Nous le remontons à son tour. Ce dernier
est tellement encaissé, que le sentier doit s'élever brusquement et passer au-dessus de la rivière, dont les rives escarpées
n'ont certainement pas plus de deux mètres d'écartement.
Notre attention est alors attirée par une sorte de viaduc qui
s'accroche aux flancs d'une montagne. La présence en ces
lieux d'un travail de cette nature m'intrigue beaucoup. Je
m'aperçois bientôt que ce que j'avais pris pour un viaduc
est tout simplement un groupe de ces sortes de cheminées de
fées dont nous avons rencontré en Roukchou des spécimens
nombreux. Au pied de ces roches, datant de l'époque primaire,
notre sentier recommence à monter par de rapides lacets. Il
passe au-dessus de gorges étroites et descend au fond d'un
vallon, où le sol paraît boursouflé. On dirait que, sous l'action
d'un feu intérieur, des vapeurs ont couru au-dessous de l'écorce
terrestre, qui a craqué sous leur effort. A la sortie de cette
curieuse zone, nous nous trouvons tout à coup au milieu des
champs de céréales de Lamayaru et nous apercevons le village de ce nom, perché sur un rocher. Quelques instants plus
tard, nous sommes au bungalow, où nous nous installons
pour la nuit.

Le soir, en feuilletant le livre du Rest-House, je relève le
passage de huit caravanes et celui d'une mission italienne.
Pourquoi l'assistant résident a-t-il laissé passer cette dernière
et a-t-il refusé la même faveur à une mission française?

17 août. — A 8 heures, nous quittons Lamayaru et nous
escaladons la montagne, pour atteindre le col de Fotu la

(13 446 pieds). De ce point, la vue est magnifique, notamment vers Lamayaru, dont la vallée fertile et les versants escarpés forment un ravissant tableau.

Nous descendons rapidement vers une nouvelle vallée dans laquelle débouche, à notre gauche, un torrent qui descend des sommets neigeux que l'on aperçoit dans le lointain. La caravane d'une riche musulmane rencontre la nôtre à ce moment. La voyageuse est portée par des hommes qui chantent en montant. Comme toutes les Indiennes de sa caste, cette femme a la figure voilée par une épaisse étoffe blanche, ce qui donne l'impression qu'il s'agit d'un convoi funèbre. Au grand étonnement des indigènes qui lui font cortège, nous saluons donc les premiers. Nous en sommes quittes pour rire de notre erreur, lorsque les guides nous ont mis au courant.

Nous suivons les bords du cours d'eau et remontons à mi-côte sur les flancs du vallon qui présente à cet endroit quelques traces de végétation. Après quelque temps de marche sur une pente où pousse une espèce de plante à fleurs jaunes, nous apercevons tout à coup de superbes papillons appartenant au genre Parnassius.

Nous descendons de cheval pour les capturer, et, malgré les difficultés de la poursuite en montagne, nous prenons cinq beaux spécimens.

Nous reprenons ensuite notre route et arrivons dans une vallée encadrée de montagnes rougeâtres, curieusement hérissées de pointes. Nous passons la nuit à Bot Kharbu, où nous sommes logés dans un nouveau bungalow, placé au sortir d'une petite nalla venue de l'ouest.

18 août. — En quittant Bot Kharbu, nous suivons la vallée jusqu'à l'endroit où nous rencontrons un affluent dont nous remontons le lit à sec. Le paysage est fort beau; les montagnes, quoique plus basses, sont couronnées de roches pointues qui se silhouettent curieusement sur le ciel.

Nous traversons une région monotone et montons entre de hautes collines qui ressemblent à de gigantesques dunes de sable. Après une longue marche, pendant laquelle nous capturons quelques papillons et insectes, nous parvenons au col de Namika (3 965 mètres) d'où nous embrassons tout le panorama des contrées que nous traverserons demain. L'aspect du sol est à peu près toujours le même, mais les vallées semblent plus larges et fertiles. Les massifs sont cependant très élevés et la neige en recouvre encore quelques-uns.

Notre sentier descend maintenant vers la rivière Wakha, que nous joignons à l'un de ses coudes. Nous cheminons ensuite au milieu des cultures de la vallée, où nous rencontrons un monument religieux dédié à une divinité hindoüe nommée Tchamba. Ce petit temple se compose d'une sorte de pavillon construit au pied d'un énorme roc isolé, dans lequel on a sculpté l'image grossière du dieu. Les bras innombrables de ce dernier brandissent des objets divers, ce qui, selon les rites de la religion brahmanique, est un indice de puissance.

La présence en ces lieux de cette divinité hindoue marque, d'autre part un changement sérieux entre la mentalité des populations que nous avons laissées derrière nous et celle dont nous traversons le territoire. Par des unions fréquentes avec les Kachmiriens, la race qui habite ces contrées à dû laisser s'implanter leur religion dans une vallée autrefois conquise au bouddhisme pur. La localité où nous nous trouvons représente du reste l'une des frontières de la zone d'influence des croyances brahmaniques. Le nombre de leurs adeptes va augmenter au fur et à mesure que nous avancerons et ce fait est dû à l'expansion plus ou moins importante des races que nous allons rencontrer sur notre chemin.

Le soir, nous campons tout près du temple hindou, dans un bungalow assez confortable,

De Mulbek a Kargil, *19 août*. — Notre étape devant être longue (40 kilomètres, au moins), nous quittons le bungalow vers 6 heures et demie, et suivons la rive droite de la Wakha. De ce côté de la rivière, le sol est aride et pierreux; mais, sur le versant opposé, s'élèvent des monts à pentes raides et rocheuses, dont les sommets sont curieusement déchiquetés.

A une courte distance de Mulbek, notre torrent reçoit un tributaire, à la sortie d'une grande vallée orientée au sud. Les terrains cultivés cessent, puis la Wakha s'engage dans d'assez jolies gorges, à travers lesquelles passe notre chemin.

Le trajet, dans son ensemble, ne manque pas d'agrément. L'aridité des versants montagneux est atténuée par la végétation assez vivace des ravins et des bords mêmes du cours d'eau. Nous dépassons plusieurs villages entourés d'arbres et nous parvenons à un bourg bâti à l'entrée de la partie la plus large de la vallée. Nous faisons halte sous un bouquet de saules, après avoir traversé la rivière. Sous les arbres, nous déjeunons agréablement, puis, reprenons notre marche. Laissant le village sur notre droite, nous suivons encore la Wakha et nous l'abandonnons pour nous élever au-dessus de gorges trop étroites pour nous livrer passage. Un hameau, tapi dans la verdure, s'offre à nos regards. Après l'avoir traversé, nous grimpons de plus belle afin d'atteindre le sommet d'une croupe pierreuse qui sert de versant au vallon de la Wakha.

Nous apercevons alors une nouvelle rivière qui vient du sud-ouest et qui coule entre de très hautes montagnes aux pentes recouvertes de neige. La vue est admirable, car nous découvrons toute la contrée environnante. Malgré son aridité,

le terrain est émaillé çà et là de taches de verdure, formées
par les cultures et par les arbres des vergers.

La crête que nous suivons s'avance, en forme de promontoire, entre les deux rivières. Nous dévalons à son extrémité
et nous dirigeons vers le pont Edward, jeté sur le Suru.
Nous trouvons, à sa sortie, le bazar et les habitations du per-
cepteur et des officiers du Civil Service.

Nous sommes bientôt au centre même de Kargil, dont le
bungalow est adossé à la montagne et séparé des quartiers indigènes par des cultures. Malgré sa vétusté, ce bungalow ne manque pas de confortable. De sa terrasse, la vue
s'étend sur les vallées que nous venons de suivre. Nous
voyons également la Sooroo, à son point de jonction avec la
Wakha.

20 août. — Après une course des plus mouvementées, véritable steeple-chase, à la poursuite de mon jeune singe qui a
profité du désarroi du départ pour nous fausser compagnie,
et le coupable enfin attaché sur ma selle où il fait méchante
figure, nous descendons vers le cours d'eau. Notre chemin
suit ce dernier vers l'aval et s'engage dans des gorges où la
rive que nous descendons contraste par son aridité avec celle
qui lui fait face et qui est d'une remarquable fertilité. Nous
quittons bientôt les bords de la Suru-Wakha et remontons
l'un de ses affluents, la Drass, forte rivière d'une importance à peu près égale à celle de la Suru-Wakha, dont
les eaux roulent vers l'Indus.

Nous laissons, à notre droite, la route de Gilgit, qui traverse
un pont suspendu, du même type que le pont Edward, et
nous remontons une vallée que bordent de hautes montagnes
rocheuses, aux pentes presque perpendiculaires. Grâce à la
végétation, composée d'herbes et de broussailles, ces pentes
ne présentent que très rarement l'aspect sablonneux et désolé

que nous avons eu si souvent sous les yeux au cours de nos précédentes étapes.

Un peu avant d'avoir fait les deux tiers du chemin, nous rencontrons un nouveau torrent, qui se jette avec fougue dans notre rivière. La vallée forme à cet endroit une sorte de fourche. La différence de teinte des eaux qui se heurtent avant de se mêler est des plus curieuses. Nous continuons notre marche, suivant le sentier qui s'élève pour éviter un passage trop étroit. Des conifères, voisins de nos cyprès, poussent sur les bords accidentés des montagnes qui encadrent la vallée.

Après être redescendus vers la rivière, nous arrivons bientôt au bungalow du village de Kharbu, où nous devons passer la nuit.

22 août. — Départ à 6 heures et demie. La vallée est étroite, mais des deux côtés du torrent, les rives sont recouvertes d'une végétation assez dense où dominent de plus en plus les cyprès. Nous traversons des petits bois qui alternent avec des espaces remplis d'une sorte de lavande, et passons la rivière à l'aide d'un pont construit par les indigènes. Nous suivons encore le cours d'eau. Les versants des hautes montagnes que nous longeons ont leurs sommets les plus élevés recouverts de neige.

Un peu avant le village de Drass, la vallée s'élargit. Le sentier quitte alors les bords du cours d'eau et s'engage sur un plateau cultivé d'où il redescend avant d'atteindre le bungalow.

Du haut de ce plateau, la vue sur la vallée est fort belle. Quelques montagnes, isolées et plus basses, s'élèvent du milieu même de la vallée, nous cachant la rivière dont le cours réapparaît parfois au milieu des prairies.

Le bungalow devant lequel nous mettons pied à terre est

déjà occupé par le R. P. Petter. Nous faisons donc monter notre tente, malgré l'aimable empressement du missionnaire, qui veut bien nous offrir une partie du logement dont il peut disposer.

22 août. — Du campement de Drass, nous redescendons vers la rivière, dont notre chemin ne s'écarte plus. Le pays devient de plus en plus vert à mesure que nous avançons. Bientôt, sur les bords de chaque torrent que nous traversons, nous trouvons des fleurettes, edelweiss, menthe, etc., sur lesquelles voltigent de nombreux papillons. Nous faisons une ample récolte de ces derniers. Bientôt la vallée se resserre, formant de courtes gorges ; puis elle s'élargit à nouveau et nous entrons dans un terrain cultivé auquel de nouvelles gorges opposent leur barrière.

L'aspect de cette partie de notre trajet est assez pittoresque. En dépit des glaciers que nous apercevons au-dessus de nos têtes, en dépit aussi de la nature pierreuse du sol, les montagnes sont recouvertes de verdure et de fleurs. Ces dernières ont poussé partout où elles ont trouvé une motte de terre capable d'abriter leurs racines.

Le soir, à Matayan, nous sommes logés dans l'une des chambres du bungalow situé au fond de la vallée.

23 août. — Nous suivons toujours la Drass, qui fait un coude pour éviter un haut massif, prolongement de la formidable chaîne montagneuse que nous avons franchie au Bara Lacha. La vallée est toujours jolie. Le paysage s'embellit cependant près de Machahoy, où les versants des montagnes sont entièrement recouverts de fleurs de toutes les couleurs, où dominent le rose, le blanc, le violet et le jaune pâle. Nous dépassons un refuge placé sur une crête et redescendons vers la rivière, que notre chemin suit étroitement. Sur la gauche, nous apercevons un énorme glacier qui brille au pied du haut pic que nous contournons depuis hier.

Devant nous s'ouvre une nouvelle vallée, orientée au nord. Le versant, qui la sépare de celle que nous suivons, mérite d'être signalé à cause de sa forme droite et de son étroitesse surprenante. Le paysage est tellement monotone, que nous traversons le col de Zogi sans nous en apercevoir.

Nous déjeunons sur les bords d'une autre rivière qui se forme dans cette vallée et, reprenant notre route, nous descendons rapidement le cours d'eau, entièrement couvert de neige, ce qui nous permet de le traverser rapidement. La vallée se resserre ensuite. Entre ses gorges profondes, les eaux bondissent avec force. Sur les versants accidentés s'accrochent de nombreux bois de bouleaux, que traverse notre sentier en longeant l'abîme. De derrière l'un des rochers qui bordent depuis un moment notre route, notre vue embrasse tout à coup un paysage merveilleux ; à nos pieds s'étend une vallée luxuriante, où coule un autre cours d'eau, appelé Sind. Notre torrent et lui se rencontrent à trois ou quatre cents mètres en avant du point où nous sommes. Cette rivière serpente ensuite au milieu de prairies émaillées de fleurs et de forêts qui descendent jusqu'à son niveau.

Autour de nous les massifs montagneux profilent leurs sommets altiers, formant à l'ensemble un cadre digne de sa beauté.

Après avoir traversé le torrent en face du coquet bungalow de Balthal, placé à la lisière d'un bois de bouleaux et de sapins, et à la sortie sud-sud-est de la vallée du Sind, nous mettons pied à terre.

Un étudiant hindou, en vacances dans la région, nous apprend dès notre arrivée que les troupes françaises ont remporté de nouveaux succès. Cette nouvelle réjouit nos cœurs ; mais nous aimerions à avoir des détails, et le manque absolu de journaux se fait péniblement sentir.

24 août. — En quittant Balthal, nous laissons sur notre droite le sentier du Ladack, par lequel nous sommes venus hier, et nous nous engageons, parallèlement au cours du Sind, à travers les hautes herbes de la prairie. Nous avons l'impression de cheminer à travers un véritable jardin naturel, traversant de jolis bosquets et jouissant parfois de délicieux points de vue sur le torrent. La teinte des eaux de ce dernier s'allie du reste à la tonalité de l'ensemble. Sur les monts environnants, tantôt escarpés et rocheux, tantôt boisés, s'accroche une végétation dont la richesse et la variété sont surprenantes.

A l'heure du déjeuner, nous sommes au bout de l'étape et le caravansérail nous sert de lieu de campement.

L'après-midi, nous devons suspendre notre marche en raison d'un arrêté du vice-roi des Indes qui rappelle tous les officiers et prie les voyageurs de rentrer le plus rapidement possible en territoire indien. Ce règlement fixe les étapes des caravanes, afin d'éviter qu'elles ne se trouvent réunies dans un même lieu. Nous allons donc chasser les insectes et en faisons une ample récolte, tant sur les bords du torrent, près du pont que nous avons traversé le matin, que dans les bois des environs.

Ce repos sera bien accueilli par nos montures. Depuis ce matin, elles présentent en effet les curieux symptômes d'un malaise dû à l'absorption de certaines graminées. Ce malaise se traduit par de la nervosité et de la faiblesse, au point que les chevaux qui en sont atteints manquent de tomber à chaque instant.

25 août. — Hier, après le dîner, nous avons reçu la visite du superintendant des Postes et de sa charmante jeune femme.

Ce distingué fonctionnaire est en tournée. Il nous invite très aimablement à prendre le café sous sa tente. Nous avons accepté avec le plus grand plaisir et nous avons pu, durant quelques instants bien courts, parler de l'Europe où l'on se bat, de notre chère patrie où le rempart militaire tient bon malgré les furieux assauts de nos ennemis.

A 8 heures, départ pour Gund, dont la route offre de magnifiques points de vue. Traversant de nouvelles prairies, nous contournons une montagne recouverte de sapins, qui fait faire au Sind un brusque coude. Ce torrent reçoit là un de ses affluents. Plus loin, il en reçoit un autre, et ses eaux ainsi grossies roulent à travers un bois au-dessus duquel nous apercevons les hauts versants de la montagne aux sommets dentelés. Nous passons entre ceux qui enserrent le Sind. Quoique très escarpés et offrant des arêtes aiguës, ils n'en sont pas moins recouverts d'une épaisse végétation. Le torrent bondit continuellement de roche en roche. Des arbres déracinés par le courant ont roulé avec les eaux, puis se sont arrêtés contre des amas de roches, où ils gênent le passage de l'eau. Les montagnes gagnent sans cesse en pittoresque. Leur grandeur sauvage n'a d'égales que la richesse de la végé-tation qui les recouvre.

Après une longue marche en forêt, nous passons sur l'autre rive du torrent. Un hameau des plus prospères, entouré de petites rizières et de cultures de maïs et de sarrasin, s'offre à notre vue. Nous le dépassons. Notre sentier traverse à nou-veau la rivière et grimpe sur la rive droite du Sind, d'où nous dominons encore la vallée.

A une heure, nous sommes au caravansérail de Gund. Je fais monter notre tente à l'ombre de deux gros noyers.

26 août. — Nous suivons la vallée jusqu'à Kangan. Le pays est moins sauvage qu'hier, mais le sol est toujours d'une grande fertilité. J'éprouve parfois l'impression de retrouver les belles campagnes de la Savoie, dont les nombreuses cultures de maïs fortifient ma comparaison.

Sur tout le trajet, la vallée a à peu près le même aspect qu'au moment de notre départ. C'est à peine si elle s'est élargie depuis Gund. Le côté gauche, beaucoup plus boisé que celui que nous suivons, est littéralement couvert de forêts qui se succèdent sans intervalle.

A midi, nous déjeunons sur le bord d'une mare, à l'ombre d'un énorme platane dont le tronc, curieusement tourmenté, fait songer à celui du banian. Nous campons à Kangan, où nous dormons sous la tente.

Très nombreux dans cette contrée, les noyers et les saules sont rongés par les larves d'un gros insecte, dont nous ne pouvons nous procurer aucun spécimen.

27 août. — De très bonne heure, nous quittons Kangan et descendons la vallée, qui, à l'un de ses détours, nous permet d'apercevoir une vaste plaine. Celle-ci s'étend au loin, derrière les derniers contreforts des montagnes qui encadrent le cours du Sind. Le sol que nous foulons est toujours aussi fertile et la route est continuellement ombragée par des saules et de gigantesques platanes.

De temps à autre, de pittoresques fermes se montrent à droite et à gauche du chemin, dans un fouillis de verdure. Un gentil ruisseau, que nous suivons depuis que nous sommes entrés dans la plaine, arrose ces parages. Plus loin, un peu avant d'atteindre Gunderwal, nous traversons un terrain planté de rizières. Ces dernières s'étendent à perte de vue sur la droite. De l'autre côté, au contraire, une ligne de collines borde la route que nous suivons. Nous faisons un crochet pour aller jusqu'au port de Gunderwal. Nous voudrions bien trouver un bateau qui nous conduisît par les marais jusqu'à Srinagar. Nous avons beau faire le tour des quais, nous ne trouvons rien qui puisse nous convenir. Les barques que l'on nous offre sont toutes de misérables jonques indigènes, recouvertes de nattes, et qui, non seulement n'iraient pas assez vite, mais encore sont d'une malpropreté telle que nous n'oserions pas nous en servir.

Nous rejoignons donc la route que nous avions abandonnée. Elle se déroule à travers d'interminables rizières et marais recouverts de fleurs. Nous les quittons pour entrer dans les faubourgs de la ville, où une infecte poussière se soulève en tourbillons à chaque pas de nos chevaux. Nous laissons sur la gauche un petit bois et zigzaguons entre des habitations indigènes d'une saleté repoussante. Au bord d'une rivière à demi desséchée se trouvent les nombreux « House-Boat » où descendent les voyageurs. Nous traversons un important bazar et nous arrivons, par une longue avenue bordée de peupliers, au « Nedous-Hotel » où nous apprenons qu'une forte épidémie de choléra règne dans le pays. Cette nouvelle, que le manager nous donne d'un air innocent, nous fait frissonner. Ces jours derniers, nous avons en effet absorbé l'eau de la contrée sans la faire bouillir en raison de sa limpidité, et recherché des insectes aquatiques dans la vase des marais contaminés.

28 août. — Dès 9 heures du matin, l'un des plus gros marchands de Srinagar me fait passer sa carte, m'invitant à venir visiter sa maison. Sa voiture viendra du reste me chercher. Je passe la matinée à organiser notre retour. J'écris un mot à l'assistant-résident anglais de Srinagar pour lui demander de nous aider à trouver des moyens de transport. Ceci fait, et le déjeuner expédié, nous nous rendons à l'invitation de l'aimable marchand. Son cocher a reçu l'ordre de nous faire visiter la ville avant de nous conduire au magasin.

Suivant le prolongement de la grande allée de peupliers par laquelle nous sommes arrivés hier, nous atteignons rapidement un bazar qui s'étend à l'ouest du compound européen, et le véhicule s'engage à travers de petites rues tortueuses. Celles-ci aboutissent à un pont, d'où nous embrassons, en un regard, le tableau formé par la rivière. Sur ses rives, les maisons s'entassent dans un fouillis pittoresque, mais propice à toutes les maladies. De place en place, les toits des mosquées, souvent triangulaires, quelques-uns recouverts de verdure, s'élèvent au-dessus des habitations. Ces dernières ne manquent pas de charme, avec leurs petites fenêtres grillagées recouvertes par un avancement en bois. Les étages supérieurs ont l'air de se pencher vers l'eau; aussi ces maisons contribuent-elles à donner au paysage un caractère d'étrangeté. Les bateaux indigènes sillonnent la rivière en tous sens. Leur forme rappelle les jonques chinoises.

Après avoir traversé le pont, nous entrons dans un nouveau bazar et nous descendons de voiture pour errer un moment à notre guise à travers de malodorantes ruelles. La maison de notre marchand se trouve non loin de là, au bord même du fleuve. Notre hôte nous reçoit sur le seuil. Il nous fait entrer dans une cour intérieure, d'où nous gagnons le premier étage. Là, dans une grande salle meublée à l'orientale, deux ou trois vendeurs font passer sous nos yeux de très belles choses. Le marchand vante ou explique la fabrication de ses marchandises. Nous faisons de nombreux achats et nous descendons à l'étage inférieur, où nous visitons les ateliers. Justement quelques ouvriers travaillent à une merveilleuse broderie.

Nous allons ensuite à la salle des fourrures, où se trouve tout un stock de pelleteries. Je fais l'emplette de plusieurs peaux que j'ai l'intention d'offrir au Muséum.

LAMASERIE DE KARZOK

TCHO MORARI : BERGERS DANSANT

YACKS PRÊTÉS PAR LES LAMAS

UN KIANG

29 août. — Ne me sentant pas bien, je vais voir le docteur Nive à qui j'ai été recommandé par un missionnaire suisse. La villa du praticien est située assez loin de l'hôtel, près de grands espaces ombragés, où de nombreux touristes ont monté leurs tentes.

Ce docteur, très aimable, passe pour l'un des plus réputés du Kachmir, et peut-être des Indes. Il m'examine soigneusement et me tranquillise sur les symptômes dont je me plains. Ils n'ont aucune parenté avec ceux du choléra. Nous avons ensuite une intéressante conversation sur ce terrible mal, qu'il arrive très souvent à guérir (70 pour 100 des cas) par l'emploi des injections de sérum.

30 août. — Dès le matin je reçois la visite de l'assistant-résident, qui veut bien m'informer, avec bonne grâce, qu'il s'occupera lui-même de l'organisation de mon transport. Il nous procurera une auto et trois ekkas, ce qui va me permettre de faire partir le boy et la plus grande partie de mes bagages.

Dans l'après-midi, je vais saluer et remercier le représentant du gouvernement britannique. Sa résidence est bâtie de l'autre côté de la grande pelouse qui s'étend enre la route sur laquelle donne l'hôtel, et les rives du Djhelam. Le distingué fonctionnaire m'apprend qu'il a trouvé une 35 HP. Overland. Les voitures demandées pourront partir dès ce soir. Il me communique les dernières nouvelles de la guerre.

A l'hôtel, j'ai le plaisir de retrouver le superintendant des Postes et sa charmante jeune femme. Ils arrivent de Kangan. Nous allons ensemble faire quelques achats dans les magasins anglais. Comme presque toutes les maisons européennes importantes, ceux-ci se trouvent sur une sorte de digue, bâtie sur la rive droite du Djhelam. Cette digue est du reste une promenade très agréable et le lieu de rendez-vous de la haute société européenne, au moment de la « saison ».

A l'hôtel, où je rentre pour le dîner, j'ai la surprise de constater que ma chambre est encombrée par l'étalage d'un marchand hindou. L'astucieux vendeur a profité de mon absence pour déballer toutes ses marchandises. Je suis forcé de les admirer, non sans trouver, à part moi, que par ce temps d'épidémies la visite des commerçants indigènes, plus ou moins propres, est à tout le moins ennuyeuse. Il est du reste assez difficile de s'en défaire. A peine l'un d'eux est-il sorti, qu'un nouveau tentateur se glisse dans la pièce, sortant par une porte mais rentrant par l'autre avec de volumineux paquets de marchandises sous le bras.

CHAPITRE X

31 août. — Nous avons quitté l'hôtel Nédous vers 10 heures par la grande allée de peupliers. Très vite notre auto atteint le bazar, puis le pont, au bout duquel nous sommes arrêtés par une procession musulmane. Une nombreuse foule suit un groupe d'hommes portant des bannières et invoquant leur dieu pour qu'il daigne conjurer l'épidémie de choléra. Entourés de banderoles, d'autres prêtres indigènes, si j'en juge par la dignité de leur maintien, répandent de temps à autre sur le sol quelques gouttes d'une eau qu'ils sont allés chercher dans la montagne et qu'ils portent dans des cruches. Ce défilé ne manque pas de pittoresque.

La procession passée, nous reprenons notre course entre les maisons du faubourg et l'auto s'engage sur une ligne droite admirablement ombragée par de hauts peupliers dont les branches se touchent des deux côtés de la chaussée. La campagne marécageuse commence bientôt. Elle occupe presque toute la plaine et la flore aquatique paraît très riche. De temps à autre, nous traversons des bourgades, à l'entrée desquelles, sur une sorte de trépied, nous remarquons une jarre de terre cuite, où les voyageurs trouvent de quoi se désaltérer en passant. Dans les environs immédiats des agglomérations, nous voyons se dérouler de longues théories d'indigènes, revenant de la montagne et chargés de récipients remplis d'une eau très pure. Ce souci d'hygiène, dû à l'influence de leurs prêtres, fait bien augurer de l'avenir. Ces peuplades, bien arriérées sous certains rapports, commencent à adopter quelques-unes de nos coutumes.

En cours de route, nous apercevons parfois de gros rassemblements d'hirondelles. Leur départ doit être prochain, malgré la richesse en insectes de la région. A la sortie de la plaine, nous traversons une forte bourgade et nous entrons dans une large vallée accidentée, au fond de laquelle une rivière roule ses eaux d'un rouge brique.

A partir de cet endroit, le pays devient plus vert et plus fertile. Les montagnes se couvrent de sapins et de cèdres. La route suit le cours d'eau, dont elle s'écarte à peine. La vallée se rétrécit parfois pour former de jolies gorges, qui, par leur couleur rougeâtre et la nature de leur terrain, me rappellent celles de Daluis, dans les Alpes-Maritimes.

Nous entrons, au sortir de ces gorges, dans un pays de culture de céréales. D'importants convois indigènes, dont les lourdes voitures sont tirées par de puissants zébus, croisent notre auto. Vers 6 heures, nous avons effectué la moitié du parcours et nous nous installons dans le confortable bungalow de la petite bourgade de Domel, renommée pour la pêche.

1er septembre. — Après une assez bonne nuit dans le bungalow, qui est plutôt une sorte de petit hôtel, nous quittons Domel pour Rawal Pindi. L'aspect du paysage demeure le même. Nous continuons à suivre la vallée du Djhelam, dont les versants deviennent de plus en plus escarpés, malgré la faible altitude des sommets.

La route longe, à mi-hauteur, le versant gauche, passe à quatre reprises sous de petits tunnels, puis traverse le cours d'eau sur un pont à l'extrémité duquel se trouve la frontière indienne. Un bureau sanitaire a été installé dans ce lieu, afin de constater l'état de santé des voyageurs qui arrivent du Kachmir. Le chemin monte ensuite en pente douce jusqu'au col de Murri, qu'il atteint après avoir longtemps suivi le Djhelam, qu'il abandonne alors définitivement. La végétation, déjà très prospère sur l'autre versant, où nous avions remarqué des pommiers couverts de fleurs et de fruits, devient encore plus dense, une fois le col traversé.

La petite ville de Murri s'offre bientôt à notre vue. Malheureusement, un épais brouillard nous cache les environs de ce pays fameux. Un mouvement inaccoutumé règne dans l'agglomération : des fourgons militaires remplis de bagages circulent dans les rues, tandis que des officiers, très affairés, courent à droite et à gauche. Au moment où notre auto s'engage sur la dernière rampe qui précède la ville, la musique militaire se fait entendre. J'apprends que la garnison de Murri part pour les champs de bataille de notre pays.

Nous descendons rapidement vers la vallée du Sohan et passons sans nous arrêter devant les importants bâtiments de la brasserie de Murri. La route circule entre des montagnes qui s'abaissent progressivement et longe un faible ruisseau qui va dans la direction de la grande plaine de Rawal Pindi.

RAWAL PINDI, *2 septembre.* — Le district commiss ionner m'ayant donné rendez-vous à 10 heures du matin, pour me remettre les passeports nécessaires à la continuation du voyage, nous en profitons pour prendre un peu de repos. A l'heure fixée, un officier de police vient lui-même nous chercher à l'hôtel, avec deux tongas, qui nous mènent rapidement à la Résidence. Nous suivons le « Mall » jusqu'aux bâtiments administratifs, situés à l'extrémité de cette jolie promenade. Ce « Mall » est la plus belle avenue de la ville. Il se compose de trois parties : l'une, bordée de fleurs et de rosiers, pour les piétons ; la seconde à l'usage des voitures ; la troisième réservée aux cavaliers, très nombreux à cette heure. De chaque côté du « Mall » se succèdent de luxueuses villas. Les clubs les plus selects augmentent, par leurs vastes et magnifiques jardins, le charme de cette promenade.

A la Residency, le district commissionner nous reçoit avec courtoisie et nous inscrit sur ses registres. Nous causons un moment des événements qui se déroulent dans notre cher pays. Ce distingué fonctionnaire porte un nom français : M. Charles Renouf. Il se met à notre disposition avec la plus parfaite amabilité.

Nous regagnons l'hôtel par le même chemin, émerveillés du soin avec lequel on s'est ingénié à rendre agréable l'aspect des choses. Nous préparons ensuite les bagages que demain nous emporterons avec nous.

Dans la soirée, nous retournons sur le « Mall » et nous faisons des achats dans une boutique où nous découvrons de fort jolis bibelots de l'Afghanistan et du Kachmir. J'en profite pour interroger longuement les indigènes et je constate avec joie leur parfait loyalisme envers l'Angleterre. Leur enthousiasme est si profond que je ne doute plus du succès que pourrait avoir une levée de volontaires dans ce pays. Plusieurs de mes interlocuteurs me parlent de nos régiments musulmans français. Les derniers succès connus de ces unités d'élite réveillent en eux le vieux fonds de courage et l'esprit guerrier qu'ils tiennent de leurs ancêtres, proches parents des Afghans.

3 septembre. — En attendant qu'arrivent les ekkas chargées de nos bagages, nous décidons d'aller visiter le Parc, afin de nous livrer à des recherches entomologiques.

De bonne heure, afin d'éviter la chaleur, nous quittons

notre hôtel et nous pénétrons, après quelques minutes de marche, dans un coin de jungle, laissé en l'état de nature, mais sillonné d'allées qui le relient à la ville.

L'étang, envahi par de splendides lotus roses et blancs aux feuilles gigantesques, est réellement magnifique avec ses touffes de roseaux et les arbres d'essences rares qui ombragent ses rives. Des papillons et de nombreuses libellules voltigent dans les branches. Nous faisons une ample moisson de ces insectes, auxquels se joignent plusieurs coléoptères.

A peine rentrés à l'hôtel, nous recevons la visite d'un capitaine du régiment de Murri, qui, accompagné d'un jeune lieutenant de lanciers, vient me dire que les officiers de la garnison ont appris la présence d'une mission française à Pindi. Ils seraient heureux de nous avoir à dîner et de boire avec nous au succès des armées alliées.

J'accepte leur aimable invitation et, à 8 heures, nous nous rendons au Club des lanciers, où nous attend l'accueil le plus cordial. Le colonel nous montre les étendards et les glorieux emblèmes arrachés à l'ennemi par le régiment.

Après le dîner, le jeune lieutenant nous reconduit lui-même, dans une voiture tirée par un merveilleux et rapide poney.

4 septembre. — J'ai promis d'aller voir manœuvrer les lanciers du lieutenant. L'aimable jeune officier m'envoie un de ses chevaux. Nous nous rendons au casernement, placé à l'autre bout de la ville.

A cette heure matinale, la traversée du « Mall » est exquise. Nous arrivons bientôt au champ de manœuvres, où les soldats s'exercent au maniement de la lance et du sabre sur un terrain semé d'embûches. La tenue de ces hommes est splendide et c'est en toute sincérité que je le dis à leurs officiers.

Au retour, j'apprends que les ekkas viennent d'arriver. Je me rends à la gare, afin d'organiser le départ. Malheureusement, il y a aujourd'hui un embarquement de troupes et je cherche vainement de la place. Le capitaine Whitecker me fait obligeamment obtenir l'autorisation de prendre le train militaire, qui quittera Rawal Pindi dans la soirée.

A 9 heures, nous nous rendons à la gare et nous nous embarquons pour Kalka, au milieu des cris enthousiastes poussés par la foule des indigènes. Le train s'ébranle; les lumières de la gare disparaissent une à une et notre convoi trépidant s'enfonce dans la nuit.

5 septembre. — Nous nous éveillons un peu avant d'arriver à Lahore, où nous déjeunons.

L'express traverse ensuite Amritzar, ville sacrée des Sikks dont le prestigieux temple d'or constitue l'une des merveilles de l'Inde. Un peu plus loin, la ligne traverse la rivière Beas, dont nous avons vu la source dans les neiges du Rotang. J'ai peine à reconnaître ici le minuscule torrent des montagnes de Koulou, tant est large la rivière que nous traversons. La Beas a tracé son cours au milieu d'une végétation composée presque exclusivement de roseaux, dont les pointes argentées, ondulant sous la brise, reflètent par moment les rayons du soleil. Au bruit que fait la locomotive, des nuées d'aigrettes et de hérons prennent leur vol et leur présence met un peu de gaieté dans la monotonie générale du paysage.

Le passage de la Sutledj, dont nous avons remonté le cours pendant nos marches sur les territoires du radjah de Belaspour, nous offre le même spectacle. Nous atteignons bientôt Amballa, où nous devons changer de train pour nous rendre à Kalka. Nous avons en effet laissé là une partie du matériel de la mission, au moment de notre départ pour le Thibet.

MON CAMP EN ROUKSHOU

VALLÉE DE PUGA

LEH : LAMAS

LEH : VUE GÉNÉRALE

CHAPITRE XI

6 septembre. — Arrivés en pleine nuit, en gare de Kalka, nous nous installons dans la salle d'attente. Surmené par les dures fatigues du voyage, mon brave Simon est pris d'une violente crise de malaria. N'arrivant pas à la maîtriser avec les moyens dont nous disposons, nous partons, Jean et moi, à la recherche d'un médecin. D'après les indications du chef de gare, nous en trouverons un auprès d'une troupe de soldats qui cantonne dans les environs. Une rapide enquête au village nous permet de découvrir le lieu de cantonnement ; mais ce n'est pas sans peine que nous parvenons à joindre le disciple d'Esculape. Très aimablement, il veut bien nous accompagner auprès du malade, qu'il parvient à soulager assez vite.

A la gare, on nous apprend que notre consul vient de passer en chemin de fer, se rendant auprès des autorités de Simla. Je décide d'aller le trouver dès demain, le seul train de la journée pour cette ville étant déjà parti.

7 septembre. — Quitté Kalka au petit jour, en compagnie de Jean. A moitié chemin de Simla, notre train rattrape celui qui a quitté Kalka hier soir. Il fut arrêté en ce lieu par un formidable éboulement causé par la pluie. Nous devrons attendre patiemment le déblaiement des terres tombées sur la voie.

A midi, le travail n'étant pas encore terminé, nous recevons notre déjeuner du buffet de Kalka, qui, prévenu par télégramme, nous a envoyé un excellent repas au moyen d'une des petites automobiles sur rail qui font ordinairement le service des ingénieurs de la ligne.

Ce n'est que dans le courant de l'après-midi que nous pouvons repartir. Depuis notre dernier passage, le paysage ne s'est pas modifié. La saison de la mousson ne paraît pas avoir influé considérablement sur les végétaux; c'est à peine s'ils sont plus verts. En revanche, la faune entomologique semble avoir beaucoup augmenté. Des myriades de papillons émaillent de leurs brillantes couleurs le feuillage des moindres buissons.

La tombée du jour nous surprend à la minute précise où le train surplombe un précipice dont la profondeur nous est cachée par une mer de nuages qu'irisent tout au bas les rayons du soleil couchant. Un peu avant 9 heures, nous apercevons enfin les lumières de Simla, qui tracent pittoresquement dans la nuit les contours de la cité estivale. Quelques minutes plus tard, nous arrivons en gare.

8 septembre. — Dès le matin nous nous rendons au bungalow du consul, où nous avons le plaisir de le rencontrer.

Il veut bien nous complimenter sur les résultats de notre mission, que je lui expose en quelques mots, et sur notre rapide retour; mais il exprime des doutes sur la possibilité de notre prochaine arrivée en France. Le port de Bombay est, en effet, fermé à tout étranger et exclusivement réservé à l'embarquement des troupes indiennes, dont une grande partie a déjà quitté le sol natal. « Il ne vous reste, ajoute-t-il, que les départs de Calcutta, mais ceux-ci sont problématiques, à cause des compagnies d'assurances qui soulèvent de grosses difficultés aux navires en partance, surtout depuis que l'on connaît la présence de croiseurs ennemis dans l'océan Indien. Télégraphiez cependant aux différentes compagnies, nous conseille aimablement notre interlocuteur, et rendez-moi compte, ce soir, des résultats de vos démarches. Nous aviserons ensuite. »

Je télégraphie donc aux compagnies maritimes de l'ancienne capitale de l'Inde. N'ayant aucune nouvelle d'une demande d'argent, adressée de Leh à mon banquier parisien, je câble de nouveau en France pour me faire envoyer télégraphiquement l'argent indispensable à notre retour.

La ville, toute bouleversée par les terribles événements qui se déroulent en Europe, semble déjà en ressentir les effets. Les commerces de luxe en reçoivent le contre-coup. Une agitation inaccoutumée se remarque dans les quartiers avoisinant le palais du vice-roi et les bâtiments administratifs.

Tous les étrangers devant être munis d'un nouveau laissez-passer, nous nous rendons à la station de police, où toutes les formalités sont facilement et rapidement accomplies par les agents du gouvernement britannique, dont la courtoisie est parfaite.

En ville, on parle beaucoup de l'agression allemande et des atrocités inconcevables commises par ces barbares d'un nouveau genre. Leur manière de faire la guerre scandalise Européens et Hindous. Des bruits circulent au sujet d'une révolte fomentée par le consul général d'Allemagne aux Indes. Ce complot aurait été dénoncé par la Bégum de B... et un maharadjah. On prétend même que le consul, pris en flagrant délit, aurait été arrêté, jugé et passé par les armes, avec plusieurs de ses complices. Le mouvement a échoué, grâce au loyalisme absolu de tous les sujets de l'Empire.

Les radjahs et les nawabs offrent tout leur appui au roi d'Angleterre. Ils lèvent sur leurs États de nombreuses troupes. Quelques-uns partent même à la tête de ces contingents, malgré la perspective d'avoir à se plier à la rude discipline des armées en campagne et les difficultés, d'ordre religieux, qui empêchent d'ordinaire les longs déplacements des souverains indigènes. Les États voisins proposent leur aide. Le Népal, le Kachemir, et jusqu'au Thibet, sont sur le point d'envoyer des renforts.

Les colonnes des journaux énumèrent les souscriptions formidables des maharadjahs et des chefs musulmans. Tous rivalisent de générosité envers la métropole. Nous assistons à une explosion d'enthousiasme patriotique sans précédent, et que je n'aurais pas attendu de la part d'un pays aussi divisé au point de vue religieux et ethnique.

Après avoir consacré la journée à différentes occupations, et touché à la banque de Simla le reliquat de notre lettre de crédit, — le directeur voulut bien me faire ce versement en or, — nous nous rendons à nouveau chez le consul de France, qui nous retient à dîner. La conversation roule naturellement sur la guerre, dont les dernières nouvelles sont douloureuses et angoissantes.

Après le repas, nous prenons congé du ministre et de sa charmante femme, et nous nous rendons à la gare. Un train supplémentaire doit transporter l'état-major général de l'armée des Indes, et l'on veut bien nous autoriser à prendre place dans un wagon.

14 septembre. — Nous avons passé les jours précédents à correspondre avec les compagnies de navigation. Malgré l'activité déployée par une agence que j'ai fini par trouver, nous ne recevons aucune réponse favorable. Les navires annoncés comme devant partir sont en effet retenus au port, à cause des risques de guerre.

L'impatience et l'ennui nous rongent. Chaque jour nous courons à la gare pour avoir plus vite les journaux. Leur lecture nous fait davantage sentir la tristesse de notre inaction. Des soldats s'embarquent chaque jour; ce sont des Sikhs aux traits durs, de petits Goorkas nerveux, ou des soldats anglais. Tous sont ravis à la pensée d'aller se battre. Hier même l'un d'entre eux nous a donné une merveilleuse preuve de ce que peut produire l'esprit de corps. Un tout jeune homme, appartenant à un régiment d'artillerie anglaise, arrive à la station. En apprenant que sa batterie est déjà partie, il éclate en sanglots, et comme nous lui demandons la cause de son désespoir, il nous raconte que, malade, il s'est échappé de l'hôpital où il était en traitement, afin de rejoindre son unité!

Le convoi des Goorkas, qui ont conservé parmi leur équipement leur terrible couteau-serpe national, nous intéressa particulièrement. Ce sont des petits montagnards, faits à tous les climats, et qui, lorsqu'ils chargent, jettent leur fusil pour se servir uniquement du fameux couteau-serpe. Au cours d'une rixe entre indigènes, on a vu des hommes littéralement coupés en deux par un seul coup de ces sortes de haches affilées. Avec de tels auxiliaires et étant donné la valeur de nos propres troupes, comment l'issue de la guerre pourrait-elle être douteuse?

Les heures sont interminables. Notre pensée, absente, va sans cesse retrouver ceux que nous aimons, tous les bien-aimés qui, sur le sol de la patrie, tressaillent au bruit des combats. Quand les reverrons-nous? Quand pourrons-nous enfin joindre nos humbles forces à celles de nos frères, dont beaucoup dorment à cette heure le sommeil sans fin des héros?

15 septembre. — Nous nous mettons à la recherche d'une tonga. Pour combattre l'énervement qui nous gagne, nous avons décidé d'aller visiter le jardin de Pinjore, qui se trouve à quelques milles de Kalka. Grâce à l'intervention d'un jeune métis, qui veut bien nous servir d'interprète auprès d'un officier indigène, nous obtenons le véhicule désiré et nous nous dirigeons vers le parc. Ce dernier appartient au maharadjah de Patiala, qui, malgré sa jeunesse, vient de demander de partir pour l'Europe à la tête d'un millier de ses sujets.

Arrivés au but de notre course, nous laissons la tonga devant une enceinte de hautes murailles, qui ont l'aspect de vieilles fortifications, et nous pénétrons dans un superbe jardin admirablement entretenu. Les bâtiments du palais s'élèvent au-dessus d'un petit canal, qui traverse la propriété et la coupe en deux parties égales. Devant chaque pavillon fusent des jets d'eau, dont la délicieuse fraîcheur est conservée par le feuillage épais des arbres environnants.

L'ameublement du palais est quelconque. Des meubles européens voisinent avec des objets indigènes de valeur et le contraste n'est pas en faveur des premiers. L'architecture est belle; mais elle ne mérite cependant pas d'être détaillée.

Le jardin, lui, est étagé, à la mode hindoue. Il n'est entretenu que dans la partie des allées qui longent le canal central. Les palmiers et la jungle ont partout ailleurs envahi les sentiers au point d'en faire de véritables petites forêts habitées par des bandes de singes et quelques paons.

La visite du parc terminée, nous retournons à notre voiture et nous partons, traversant le pittoresque village de Panjhore, enseveli dans la verdure, et dont les habitations indigènes se groupent autour d'un antique bassin aux ghats usés par les siècles.

21 septembre. — Nos journées s'écoulent dans l'attente fiévreuse du départ. Nous n'osons plus espérer la réussite de nos démarches. Les heures monotones que nous vivons sont à peine coupées par les dépêches de l'agence d'embarquement. Chaque soir, à l'heure tiède du crépuscule, nous nous rendons chez un planteur du voisinage dont les papayers fleuris attirent de grandes quantités de sphingides. Tout en maniant le filet de notre mieux, nous avons l'occasion de faire connaissance avec les Européens qui habitent la région. C'est ainsi que nous entrons en relations avec un honorable pasteur de l'Église anglicane, fervent d'entomologie, et qui, mis au courant de nos incertitudes, veut bien nous proposer de nous recommander à l'un de ses amis, chef de la police de Calcutta. Il espère que grâce à son influence, ce haut fonctionnaire pourra nous être utile et nous aider à obtenir les pièces spéciales qui nous permettront de nous embarquer à Bombay, où les départs sont plus réguliers, en raison de la surveillance exercée par les croiseurs et les convoyeurs britanniques et japonais.

Nous dînons ensemble à la station, puis l'aimable révérend met son projet à exécution et rédige une lettre de recommandation pour son ami.

22 septembre. — A la gare, où nous transportons nos bagages, on me remet deux dépêches : l'une, de mon banquier français, qui m'informe qu'à cause du moratorium il lui est impossible de me faire parvenir la moindre somme d'argent; l'autre, envoyée par les Pères de Jubbulpore. Ils m'apprennent que la personne à qui j'avais confié les animaux vivants capturés dans les provinces centrales doit partir pour la guerre et qu'elle réclame le montant de la pension de ces animaux.

Nous voici dans une situation embarrassante. Lorsque

j'aurai réglé la note de cet homme et mes caravaniers, dont la solde sera confiée au chef de gare, il me restera tout juste assez pour vivre quelques semaines. Et je ne parle pas des frais du voyage, extrêmement élevés, ni de la nourriture des pensionnaires à quatre pattes que nous ramenons. C'est pourquoi je me décide à partir pour Calcutta. Sur place, je pourrai peut-être obtenir plus facilement ce que je désire. Je fais demander à l'aimable chef de gare de nous réserver des places et nous embarquons nos colis sur un wagon qui sera attaché à l'express de Calcutta.

Je surveillais depuis quelques instants le détail de l'installation, lorsque j'aperçois un indigène dont la silhouette m'est connue. C'est en effet Ibraïm, dont la figure rayonnante révèle la joie qu'il éprouve d'être arrivé avant mon départ. Il m'apprend qu'il précède de peu une partie de la caravane, formée des meilleurs chevaux, et qui m'apporte, avec les spécimens préparés, le matériel le plus précieux de la mission.

Avec l'énergie habituelle de leurs pareils, mes caravaniers ont fourni étapes sur étapes, sans prendre de repos. Cette circonstance va nous permettre d'emporter avec nous la plus grande partie de nos bagages.

Un peu réconforté par cet heureux événement, je fais mes adieux à quelques Européens amis, habitant la contrée, et aux caravaniers qui sont venus me saluer, et nous quittons Kalka.

23 septembre. — Nous nous éveillons en pleine vallée du Gange. Son aspect a changé du tout au tout depuis notre dernier passage. La saison des pluies a développé la végétation d'une façon splendide. Aux environs de Delhi, une forte inondation a élargi de plusieurs milles le lit naturel du grand fleuve. Des arbres, les toitures de quelques maisons émergent çà et là, tandis que l'express, emporté par sa vitesse, semble traverser un immense lac à l'aide d'un pont gigantesque.

Plus près de la capitale, les champs cultivés font de nouveau leur apparition. Un peu après midi, nous dépassons Cawnpore, ensuite Allahabad. Le soleil décline derrière les monts lointains des pays Gonds. Il disparaît, sur le soir, dans une apothéose de clartés rouges et mauves de la plus grande beauté.

24 septembre. — Le caractère tropical de la flore s'accentue à mesure que nous avançons. Les cultures, de riz pour la plupart, font souvent suite à des parties de jungle. De magnifiques palmiers se dressent par instant, sur les deux bords de la voie. Des nuées d'oiseaux, au plumage multicolore, y trouvent un abri. Au crépuscule, nous atteignons enfin Calcutta et nous nous faisons conduire à l'excellent Boarding-house, que dirige, dans la Dharumtolla Street, l'aimable Mme Jacquet. Dans la large avenue où se trouve l'hôtel, circule une foule nombreuse. Avec une impatience fébrile, et qui me surprend, je l'avoue, très agréablement, on s'arrache les journaux du soir afin de connaître par le menu les dernières nouvelles d'Europe.

Notre arrivée à la pension de famille de Mme Jacquet crée un amusant quiproquo. A cause de nos longues barbes hirsutes, l'excellente femme nous prend pour des Allemands; elle veut absolument nous faire mettre à la porte de l'hôtel et parle d'envoyer prévenir la police. Nous n'avons pas de peine à lui démontrer qu'elle a affaire à des compatriotes. Elle s'humanise et consent alors à nous héberger.

25 septembre. — De bonne heure, je pars à la recherche du consulat de France. D'après les indications que je possède, ce bâtiment doit se trouver dans l'une des ruelles d'un quartier commerçant un peu retiré. Il m'est impossible de le découvrir. A force de recherches, j'obtiens de connaître sa nouvelle adresse, car le consulat a été transféré dans un autre quartier.

M. de La Batie est à Simla, où il confère avec les autorités anglaises. Je suis donc reçu par un tout jeune homme qui, très aimablement, me met au courant de la situation maritime. Il ne me cache pas qu'il a peu d'espoir dans le résultat de la démarche que je vais faire auprès du chef de la police afin d'être autorisé à partir par Bombay.

La fin de la journée se passe en visite aux banques, où je m'évertue à obtenir l'indication d'un moyen propre à me permettre de recevoir les fonds dont j'ai besoin. L'aimable et distingué directeur de la National Bank of India me conseille de câbler de nouveau à mon banquier parisien, ce que je fais sans retard.

En rentrant, je parcours les journaux. Ils sont remplis de détails concernant le naufrage de trois nouveaux navires, coulés non loin des côtes par un croiseur rapide allemand. Toutes les gazettes en profitent pour rappeler les méfaits précédents de ce redoutable corsaire, qui fait chaque jour de nouvelles victimes. Ses ruses, paraît-il, sont nombreuses; mais comme son commandant fait preuve d'humanité, les journaux manifestent à son sujet moins de rancune que l'on ne pourrait s'y attendre. Mille et une légendes courent sur ce vaisseau-fantôme (l'*Emden*). Ne vint-il pas, tout récemment, s'embosser dans le delta du Gange et n'eut-il pas l'audace de narguer télégraphiquement les autorités maritimes anglaises chargées de le capturer!

26 septembre. — Nous nous rendons, dès le matin, au poste central de police, où nous sommes reçus avec courtoisie par l'ami du révérend Stokol. Après une assez longue conversation, ce haut fonctionnaire me promet d'étudier la question de notre retour par Bombay. Il me prie de revenir le voir dans quelques jours.

Je vais alors saluer le directeur de l'Indian Museum, M. Annandale. Me voyant fort ennuyé de mon manque d'argent et des difficultés qui en résultent pour la nourriture de mes bêtes, — parmi lesquelles plusieurs panthères, un chien sauvage, des cerfs, un « nilghaut », etc., — M. Annandale m'offre spontanément de nous recevoir chez lui et de faire prendre en charge ma ménagerie par l'un des jardins zoologiques de la ville. Il insiste avec tant de bonne grâce que j'accepte la deuxième partie de son offre et que je m'occupe sans retard de préparer l'envoi des animaux au jardin zoologique qu'il me désigne. Grâce à cette intervention amicale, notre situation se trouve améliorée et c'est àvec moins d'inquiétude que nous attendrons le jour du départ.

Octobre. — Dans la matinée, visite du Muséum. Ce vaste bâtiment, un peu lourd comme architecture, offre un aspect sérieux, en harmonie avec le caractère scientifique de son contenu. On y pénètre par une voûte soutenue par d'énormes colonnes, entre lesquelles s'ouvre la porte des deux grandes salles de paléontologie. De magnifiques collections s'offrent à nos regards. Parmi beaucoup de choses de valeur, je remarque des restes de Hyænarctos, Amphicyon, Machairodus; un oiseau fossile « Megaloxelornis » (spécimen unique au monde), un très beau crâne d'Elephas Ganesa (Falc) provenant de la Narbuda, de très importants fragments de rhinocéros, Dinotherium gigantheum, Elephas gigantheum et insignis, ce dernier provenant du district de Kangra, où j'ai justement trouvé des ossements d'éléphants appartenant à la même période.

Une vaste cour gazonnée se trouve à l'intérieur du bâtiment. Elle est entourée de péristyles soutenant les étages et
auxquels on a accès par un escalier nonumental prenant nais-
sance sous la voûte d'entrée, à la suite des salles de paléontologie.

Ouvertes certains jours au public, les galeries d'exposition
sont au premier. Parmi de belles collections de vulgarisation,
je remarque plusieurs raretés : un Cervus Afinis du Sikim,
des rhinocéros Sumatrensis et de très riches collections de
reptiles et d'ichtyologie qui contiennent plusieurs nouvelles
espèces. Une série de cornes d'une réelle beauté orne les
murs de la salle de mammalogie. Le squelette du fameux éléphant de lord Harding, qui, devenu furieux à la fin du Durbar, dut être abattu, est également exposé dans cette salle.

Les étages supérieurs sont réservés aux collections scientifiques, merveilleusement groupées, et où l'anthropologie tient
une place importante, grâce aux travaux du docteur Annandale. Des laboratoires, munis de tous les perfectionnements
exigés par les études modernes, et éclairés par de larges et
hautes fenêtres donnant sur l'esplanade, complètent l'ensemble, offrant par surcroît de grandes facilités aux travail-
leurs. Les bibliothèques et les salles de cours sont très intel-
ligemment groupées dans cette partie du bâtiment, ce qui a
l'avantage de mettre à la portée des étudiants tous les matériaux d'études dont ils peuvent avoir besoin.

Après avoir pris congé de mes aimables collègues, je me
rends au Jardin zoologique, situé près de Kali Ghat, au
centre de belles et vastes propriétés, non loin des parages
célèbres et autrefois redoutables occupés par les sectateurs
de la terrible déesse Kali. Grâce à un mot d'introduction du
docteur Annandale, le sous-directeur du Jardin, en l'absence
de son chef, veut bien nous accompagner. Il nous guide à
travers le parc. Très joliment dessiné, celui-ci s'étend sur

une vaste superficie; on a aménagé, pour les facilités des animaux, de nombreux bassins, et tracé de magnifiques allées. La végétation est d'ailleurs exceptionnellement riche et nous remarquons des milliers d'oiseaux en liberté.

Les pensionnaires du jardin sont parqués dans des cages spacieuses. Ils sont nombreux et forment par endroit des colonies de toute beauté. La faisanderie contient, par exemple, des spécimens rarissimes; citons encore la galerie des singes, et le pavillon des paradisiers, où se trouve le grand Paradis doré *(Paradisea apoda),* le Paradis rouge *(Paradisea rubra);* le petit Paradis *(Paradisea minor)* et quelques autres espèces, parfois représentées par les deux sexes, malgré la difficulté que l'on éprouve à se procurer des femelles, que les indigènes gardent jalousement, de peur qu'il ne s'établisse des élevages de paradisiers en dehors de leurs îles.

La ménagerie présente un intérêt aussi grand et ses pensionnaires sont formidables. Elle comprend de magnifiques tigres. L'un d'eux, un man-eater, capturé récemment, est d'une férocité sans exemple. Il se jette sur les barreaux de sa cage dès qu'il aperçoit un visiteur. De merveilleuses panthères noires, des léopards, des guépards, des lions et quelques chats des jungles complètent ce joli groupe de félins.

Nous visitons encore la galerie des reptiles, où se trouve une collection importante de ces dangereux animaux, et nous allons voir enfin deux magnifiques rhinocéros indiens. Ils vivent dans un large paddock, au centre de parcs contenant une série magnifique de cervidés et d'antilopes.

7 octobre. — Depuis le 25 septembre, nous vivons dans l'attente d'un départ pour Bombay. Grâce aux permis spéciaux que le chef de la police a bien voulu nous faire délivrer, grâce aussi à l'amabilité du directeur de la National Bank of India, qui a bien voulu m'avancer une certaine somme sur simples renseignements télégraphiques du Crédit Lyonnais, notre situation, si elle a manqué de charme, nous a cependant permis de prendre patience et d'étudier la vie de l'ancienne capitale des Indes. Le calme le plus profond y a régné pendant notre séjour, une seule fois troublé, et pour quelques heures seulement, par l'espèce d'émeute que provoquèrent des émigrants hindous revenus du Natal. Il paraît que des agents allemands avaient armé ces hommes et les avaient incités à se révolter dès leur arrivée au port. Ils espéraient qu'un mouvement révolutionnaire pourrait se greffer sur ces troubles et gagner toute la province du Bengale, dont les habitants sont connus pour leur tempérament révolté. L'intervention rapide et énergique de la police a heureusement écrasé dans l'œuf ce semblant d'émeute. Les manifestations se sont déroulées en dehors de la ville et n'ont occasionné que quelques blessés, parmi lesquels le chef de la police, qui reçut une balle dans la jambe, tandis qu'il dirigeait le service d'ordre.

Aucun autre fait grave ne s'est passé, à ma connaissance, et la vie de la grande cité a continué, paisible, avec son mélange de civilisation et d'archaïsme oriental si pittoresquement confondus. L'esplanade est un lieu d'élection pour l'observateur. Elle est sillonnée dans les deux sens par des multitudes de coolies portant sur la tête les meubles les plus divers. Les autos-taxis, les arroseuses automobiles tiennent le milieu de la chaussée. La couleur locale est donnée par de petites voitures indigènes traînées par des zébus. D'énormes éléphants, conduits par leurs mahouts militaires, ajoutent leur pittoresque au tableau. J'ai maintes fois regretté de n'avoir pas mon vérascope ; j'aurais pu prendre sur le vif des photographies amusantes.

Du reste, chaque pas, à travers la capitale du Bengale, permet au visiteur de découvrir du pittoresque ou de l'inédit. La vie intense des rues où se trouvent les hauts et imposants bâtiments des banques, des compagnies de navigation, du grand négoce, n'a pas complètement évincé l'indigène. Ici, l'embrasure d'une fenêtre sert d'échoppe à un cordonnier à demi vêtu. Là, une petite marchande de bétel, perchée sur une corniche, prépare ses noix d'arec et les roule dans de petites feuilles vertes qu'elle offre ensuite à ses nombreux clients.

Les commissionnaires, toujours aux aguets, sont assis dans leur panier, attendant le passage d'un problématique voyageur. Les agents de police indigènes, munis de leur ombrelle pittoresque, veillent de leur côté à la bonne circulation des véhicules.

Par leurs somptueux magasins, certaines avenues rappellent ou essaient de rappeller nos cités d'Europe ; mais il suffit de prendre une rue transversale pour découvrir des échoppes où les indigènes continuent à se servir de leurs instruments primitifs. Ces habiles ouvriers se servent du reste aussi bien des mains que des pieds et font preuve d'une adresse remarquable.

Le bazar, la ville chinoise reçurent également notre visite. Dans un coin de l'immense esplanade se trouve le kiosque à musique. Il est bâti au centre d'un joli parc, qui, la nuit, sert de refuge à une partie des corbeaux et des milans, hôtes habituels et nécessaires des cités de l'Inde.

Fort souvent, le soir nous nous rendions sur les bords de l'Hougly. Les équipages de maître et les luxueuses autos de la haute société hindoue se succédaient dans l'allée, en direction du fort William, où l'on peut admirer de féeriques couchers de soleil et contempler l'illumination des navires qui, dans le lointain obscur, ressemblent à de véritables maisons bâties sur les eaux.

8 octobre. — Au retour d'une promenade matinale, je trouve un mot du consul. Il m'informe qu'un paquebot à destination de l'Europe doit toucher Bombay le 11 octobre. Cette nouvelle fait battre nos cœurs et nous nous préparons au départ, envoyant nos bagages à la gare et retenant d'avance un compartiment du rapide de nuit. Je vais ensuite saluer les différentes personnes avec lesquelles j'ai été en rapport durant mon séjour à Calcutta.

Après le dîner, nous prenons congé de notre aimable hôtesse, bien revenue de ses préventions, et nous nous rendons à la gare, où nous avons le temps de nous installer confortablement pour la nuit. Le convoi s'ébranle à l'heure fixée. Les lumières de la ville vont en diminuant et nous ne les apercevons bientôt plus que comme des points d'or qui trouent de place en place l'obscurité profonde que laisse en arrière le train.

9 octobre. — Nous nous réveillons à l'aube, comme le rapide remonte la vallée du Gange. A Allahabad nous quittons du reste cette direction pour bifurquer vers Jubbulpore, où nous arrivons à 6 heures du soir.

Prévenus télégraphiquement, les Pères de la Mission sont venus échanger quelques mots aimables avec nous. Les voici réunis sur le quai de la gare. Je constate avec émotion que la santé du P. Sage a décliné depuis l'époque de notre premier passage à Jubbulpore. Le digne religieux prend maintenant un peu de repos. Il me semble bien affaibli et j'ai le cœur serré en songeant qu'il a attendu trop longtemps peut-être avant de confier ses fidèles à un autre membre de la Congrégation. L'abnégation de ce missionnaire a quelque chose de sublime. Puisse Dieu lui permettre de continuer sa belle œuvre. Plusieurs jeunes prêtres français nous annoncent qu'ils partiront prochainement pour rejoindre l'armée. Ils

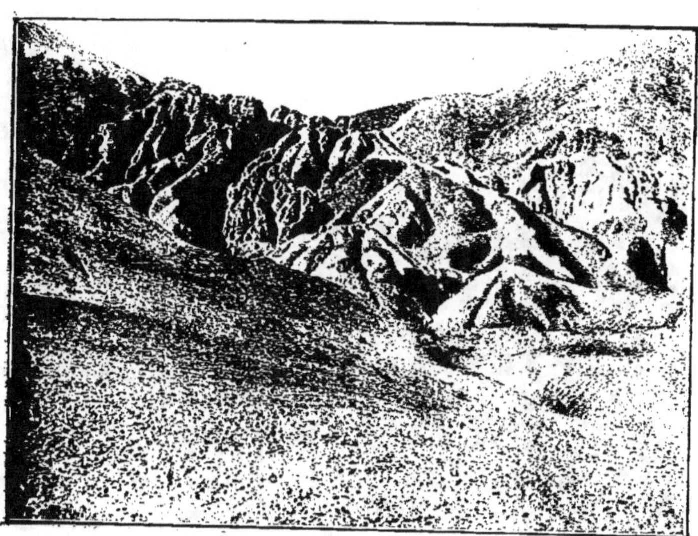

MONTAGNE PRÈS LAMAYARU

LAMAYARU

KACHMIR : VALLÉE DU SIND

KACHMIR : FORÊT DANS LA VALLÉE DU SIND

n'ont pas pu le faire jusqu'ici, à cause de l'impossibilité où ils se trouvent de s'embarquer à Bombay.

Notre causerie cordiale se prolonge quelques minutes, puis un coup de sifflet retentit. Nous serrons à la hâte les mains cordiales qui se tendent vers nous, et nous reprenons notre place dans le compartiment.

10 octobre. — Le jour nous arrache au sommeil. Le train a, du reste, considérablement ralenti son allure. Il descend vers les campagnes fertiles de la Présidence de Bombay.

La végétation exceptionnellement riche, qui s'étend des deux côtés de la voie et s'accroche aux collines, donne au paysage un aspect tellement différent de celui que nous avons vu à la saison sèche, que nous avons quelque peine à reconnaître les lieux. La voie est gardée militairement. De station en station, des postes de police vérifient les passeports des voyageurs.

Dans les environs immédiats de Bombay, des trains occupés par des troupes de toutes armes attendent qu'on les aiguille vers les quais d'embarquement. Ils sont arrêtés sur des voies de garage et c'est au milieu d'une foule grouillante de militaires de toutes races, que nous descendons du train.

La ville est elle-même encombrée par des convois de ravitaillement et d'interminables files de voitures du « Transport Corps ». D'innombrables chalands, chargés d'hommes, de chevaux, de matériel de guerre, font le va-et-vient entre les quais et les navires en partance. A l'entrée du port, une imposante escadre, qui comprend plusieurs vaisseaux japonais, monte une garde vigilante.

L'ordre parfait qui ne cesse de régner sur les quais et dans la ville, en dépit de l'affairement et de l'affluence des hommes et du matériel, fait le plus grand honneur à l'esprit d'organisation des autorités britanniques. Les hôtels regorgent d'officiers en partance. Le plus souvent, ceux-ci sont accompagnés de leur famille, pour laquelle ils ont obtenu des places sur les courriers à destination de la mère patrie.

Qui m'eût dit, il y a quatre ans, que les merveilleuses troupes que je voyais rassemblées à l'occasion du Durbar, viendraient un jour combattre à nos côtés et défendre la France odieusement assaillie? Comment aurais-je pu supposer que la barbarie, la déloyauté politique, l'ambition monstrueuse de l'Allemagne feraient se dresser contre ce moderne empire de proie tout ce que la civilisation compte de peuples chevaleresques, qu'ils appartiennent par la race à notre vieille Europe ou à l'Orient fabuleux?... En voyant se dérouler sous mes yeux les préparatifs formidables de nos amis anglais, je suis profondément remué et c'est avec un sentiment de gratitude et d'admiration profonde que je rends hommage au grand peuple qui préside aux destinées des contrées merveilleuses que nous venons de parcourir...

A peine sortis de la gare, nous nous rendons au port. Le directeur général des douanes veut bien nous permettre d'emporter nos armes, bien qu'un règlement mis tout récemment en vigueur, à cause de l'état de guerre, en défende l'exportation. Cette attention, après beaucoup d'autres, m'est très agréable. Elle prouve l'intérêt porté par ce haut fonctionnaire à tout ce qui est français, et je le remercie chaleureusement.

Des bâtiments du Custom's-Departement, nous passons sur une excellente chaloupe de la P. and O., qui, en quelques tours d'hélice, nous amène à bord du mail steamer *Maloja*. Nous prenons joyeusement possession de nos cabines et nous remontons sur le pont, où j'ai le plaisir de rencontrer plusieurs compatriotes et un groupe de savants qui reviennent d'un congrès tenu en Australie. Plusieurs des membres de l'éminente compagnie sont des zoologistes et j'avoue que la perspective de longues et instructives conversations avec ces illustres personnages me cause une véritable joie.

Tout autour du steamer, de nombreux cargo-boats se préparent pour l'appareillage. Ils doivent transporter une fraction des troupes néo-zélandaises, dont l'effectif, paraît-il, n'est pas inférieur à 35 000 hommes. L'effort des colonies britanniques, en ces premiers mois de guerre, fait bien augurer de ce que ferait le Royaume-Uni si la lutte devait se prolonger. D'ailleurs, est-ce possible ?

L'équipage et les passagers font preuve du patriotisme le plus vibrant. La plupart de ces derniers viennent d'Australie. N'ayant pas été acceptés par le recrutement militaire des Dominions, ils viennent s'enrôler en Angleterre même. Ils saluent de hourras nourris le pavillon national, au moment où celui-ci est hissé pour rendre leur salut aux vaisseaux de guerre, avant de prendre le large. La minute est émotionnante. Tous, nous avons la gorge serrée et les larmes aux yeux. Quelle n'est pas notre joie lorsque après un temps de silence un passager anglais, — j'ai su plus tard qu'il porte l'un des plus grands noms de la vieille noblesse d'outre-Manche, — demande à son tour trois hourras en l'honneur de notre patrie bien-aimée. Tout le monde accepte avec enthousiasme et c'est au cri répété de : *Vive la France!* que le *Maloja* gagne la pleine mer, escorté par les navires de guerre, et arborant fièrement, comme un défi au corsaire invisible, son pavillon de fête qui claque au vent du soir.

A bord du *Maloja*, 9 octobre 1914.

APPENDICE

Au cours de notre mission, nous nous sommes attachés à recueillir des matériaux permettant d'apporter une contribution, aussi importante que possible, à l'étude des problèmes zoogéographiques dont la solution est particulièrement difficile dans les régions montagneuses de la péninsule indoue.

Il est à peine besoin de souligner la très grande importance de ces problèmes. La zoogéographie, telle qu'elle est aujourd'hui comprise, est une science des plus complexes. Non seulement elle étudie la répartition actuelle des animaux à la surface de la terre, mais elle essaye encore de préciser l'origine géologique des divers groupements fauniques modernes. Ces considérations ont conduit les zoologistes à diviser la surface du globe en un petit nombre de très grandes régions dont chacune possède une faune qui n'est que relativement homogène mais qui diffère essentiellement, par ses caractères généraux, des faunes des autres régions.

P.-L. SCLATER a, le premier, défini clairement les grandes régions fauniques et les naturalistes sont à peu près d'accord pour adopter maintenant les divisions suivantes dues, en grande partie, à A.-R. WALLACE mais remaniées notablement par divers auteurs et, surtout, par R. LYDEKKER. La terre se trouve ainsi divisée en sept ensembles fauniques :

La *région paléarctique*, nommée quelquefois aussi holarctique, comprend non seulement toute l'Europe, mais encore une grande partie de l'Asie (Asie antérieure, Asie centrale, Sibérie, Chine et Japon), l'Afrique du Nord (Maroc, Algérie, Tunisie, Tripolitaine et Égypte septentrionale) et l'Amérique du Nord jusqu'aux environs du 45e degré de latitude nord.

La *région orientale* ou *malaise* constituée par les Indes, l'Indo-Chine, la Malaisie, la partie septentrionale de l'archipel de la Sonde et l'île de Bornéo.

La *région sonorienne* comprenant la partie de l'Amérique du Nord comprise sensiblement entre le 45ᵉ degré de latitude nord et le tropique du Capricorne.

La *région éthiopienne* composée de l'Afrique au sud du tropique du Capricorne, de l'île de Madagascar et de l'archipel des Mascareignes. Ces îles constituent d'ailleurs une sous-région *malgache* bien définie que certains naturalistes considèrent même comme une véritable région parfaitement individualisée. Nous pensons cependant que les découvertes récentes permettent de rattacher Madagascar à la région éthiopienne.

La *région néotropicale* formée de l'Amérique Centrale (y compris les Antilles) et de l'Amérique du Sud, en entier. Elle est remarquable par ses nombreuses affinités avec la région éthiopienne.

La *région australienne* constituée par l'Australie, la Tasmanie et la Nouvelle-Guinée. Il convient également d'y rattacher la partie méridionale de l'archipel de la Sonde et l'île Célèbes qui forment une sous-région souvent désignée sous le nom d'*austro-malaise*.

Enfin la *région polynésienne* comprend la Nouvelle-Zélande et toutes les îles de la Polynésie. Dans ce groupement, les îles Hawaï et les archipels voisins forment une sous-région assez nettement définie, souvent désignée sous le nom de *région hawaïenne*.

La plus grande partie de l'Inde appartient à la région malaise ou orientale. Une région bien moins étendue se rattache à la faune paléarctique. Il nous semble utile d'entrer ici dans quelques détails.

C'est à W. T. BLANFORD que l'on doit les données les plus précises sur la question qui nous occupe. Il a résumé, sur une carte très claire, que nous reproduisons ici, les caractères généraux de la répartition des faunes dans la presqu'île hindoue.

W. T. BLANFORD a parfaitement vu que la faune holarctique ou paléarctique s'avançait jusqu'aux hautes terres du Pendjab et du Thibet et qu'elle les occupait entièrement. Il distingue ensuite une *région transgangétique* comprenant, dans l'Inde proprement dite, toute la zone inférieure des Himalaya et s'étendant, vers l'ouest, en Assam et en Birmanie pour rejoindre ce que Blanford appelle la région du Tenasserim (presqu'île de Malacca). En réalité, les faunes de ces deux régions sont étroitement mêlées et nous pensons que c'est avec raison que de Fraas et von Pelzeln les ont réunies sous le nom de faune malaise. Ses analogies avec les fossiles oligocènes et miocènes de l'Europe, si souvent mises en évidence, sont certainement incontestables.

La partie vraiment péninsulaire de l'Inde est la *région cisgangétique* de W. T. BLANFORD. Avec de nombreux genres appartenant à la faune malaise, cette région renferme les éléments d'une autre faune, d'ailleurs

toute différente, que W. T. BLANFORD désigne sous le nom de *faune
arienne*. Cette dernière se fait remarquer par des genres propres à
l'Afrique tropicale et qui font défaut, non seulement dans les contrées voisines de l'Asie, mais même dans l'Afrique du Nord. Ces
curieuses analogies entre les faunes de l'Inde et de l'Afrique équatoriale ont été depuis étudiées par de nombreux naturalistes et,
notamment, par M. ANNANDALE. Mais cette région cisgangétique n'est
pas absolument homogène : il existe en effet, le long de la côte
occidentale de l'Inde, entre l'océan Indien et la chaîne des Gathes
occidentales, une *région du Malabar* habitée par des genres et
des espèces qui ne vivent pas dans le reste de la péninsule, mais
qui se retrouvent dans les régions transgangétique et malaise. Aussi
STOLICZKA a-t-il émis l'idée — fort plausible mais non encore démon-
trée — que la faune malaise s'était autrefois étendue sur toute la péninsule. Il est, d'autre part, curieux de constater que cette même faune
du Malabar vit aussi dans la partie montagneuse du sud-ouest de l'île
de Ceylan.

Les considérations précédentes s'appliquent à la période actuelle ;
mais, aux époques géologiques antérieures, il y eut, dans la composition des faunes de l'Inde, des variations importantes. La succession
des faunes terrestres y rappelle tout à fait ce qui a été constaté dans
l'Europe méridionale. C'est ainsi qu'au Vindobonien supérieur ou Sar-
matien, dans l'Inde comme dans l'Europe centralo-méridionale et
l'Afrique du Nord, la faune malaise a été refoulée par une faune africaine. Plus tard nous assistons à une invasion de la faune paléarctique
qui, partout, fait reculer cette faune africaine. Mais, en certaines régions
de l'Inde, la faune malaise reprend le domaine qu'elle occupait primiti-
vement : l'élément arien de la faune cisgangétique n'est autre chose
qu'un reliquat analogue aux éléments africains qui subsistent encore
aujourd'hui dans la faune du sud de l'Europe.

En résumé, nous distinguons, dans la péninsule hindoue, trois grandes
provinces fauniques :

Une province comprenant le versant nord des Himalaya, le Pendjab,
le Thibet, et qui se rattache à la région paléarctique ;

Une province transgangétique étroitement unie à la région malaise
ou orientale ;

Enfin une province cisgangétique offrant un mélange d'éléments
malais et d'éléments africains. Le long des côtes occidentales de
cette province, la sous-province du Malabar se fait remarquer par
des éléments malais absents dans les autres parties de l'Inde péninsulaire.

Nous ne nous occuperons dorénavant que des deux premières provinces qui, seules, se trouvent sur l'itinéraire de notre mission. D'ailleurs, les considérations que nous allons maintenant développer découlent entièrement de nos observations : elles ne sauraient donc s'appliquer, pour le moment du moins, qu'aux contrées que nous avons traversées.

La composition de la faune orientale est bien connue et nous n'y insisterons pas. Rappelons seulement que, parmi les Mammifères, on y rencontre, outre des Singes, des Éléphants et des Rhinocéros, des Buffles, des Gazelles, des Antilopes, des Chevrotins, des Tigres, des Léopards, etc. Signalons, comme un trait caractéristique, l'abondance des Rongeurs et des Insectivores. Les Oiseaux sont nombreux : les Coqs de jungle, les Perruches, les Barbus, les Calaos, de nombreux Martins-pêcheurs appartenant aux genres Pelargopsis, Ceryle et Halcyon, les Grues et les Cigognes du genre Pseudotentalus vivent presque partout. Nous nous contenterons de signaler, parmi les Reptiles, les Gavials, les Varans, les Geckos, les Pythons, les Cobras et les Crotales, genres bien connus et dont quelques-uns sont tristement célèbres par le nombre de victimes qu'ils font chaque année parmi la population.

Il nous est impossible de parler ici des innombrables Invertébrés qui peuplent ces régions où la flore développe toute sa puissance tropicale. En notre qualité d'entomologiste, nous donnerons seulement quelques indications sur les Insectes. D'ailleurs, la faune entomologique du pays, à peu près identique à celle de tout le nord du Pendjab, est bien connue grâce aux nombreux et importants travaux publiés aux Indes et en Angleterre.

La faune orientale compte encore la plupart de ses représentants jusqu'aux pieds des Himalaya, élevés d'environ 600 mètres. C'est à peine si la nature différente du terrain, l'altitude plus élevée et le climat moins chaud ont modifié légèrement sa composition.

Comme en pleine Inde centrale, les fleurs des environs de Kalka, celles de Pinjor Doon, sont visitées par un nombre prodigieux de Mylabres et de Lamellicornes appartenant, en majorité, à la famille des Cétonides. A la surface du sol, d'assez nombreuses espèces nettement indiennes de carabiques courent à la recherche d'une pâture abondamment fournie par les Insectes des autres familles. Des Bousiers, des Histers, vulgairement appelés Escarbots, aux formes parfois géantes, parfois minuscules, creusent péniblement un sol durci pour y enfouir les immondices qui serviront de nourriture à leurs larves. De paisibles Ténébrionides, relativement moins variées qu'aux altitudes plus élevées, cherchent le jour un refuge sous les pierres. Les Curculionides, les Vési-

MAISONS SUR LE BORD DE L'EAU

SRINAGAR : UN COIN DU BAZAR

CALCUTTA : UN COIN DE L'ESPLANADE

CALCUTTA : L'HOUGLY

cants et les Orthoptères, grands destructeurs de végétaux, abondent un peu partout et l'air est sillonné d'espèces aussi diverses de Névroptères, d'Hémiptères, d'Hyménoptères et de Diptères à la recherche des fleurs ou des proies dont elles feront leur nourriture ou celle de leurs descendants.

Les rivières, les étangs, les simples mares sont peuplés d'Hydrophilides et de Dytiscides parmi lesquels dominent les Cybister. A la surface, d'innombrables Gyrins décrivent inlassablement leurs cercles ininterrompus. Au milieu des plantes aquatiques, les Mollusques sont également abondants. Ils appartiennent à des genres à peu près cosmopolites comme les Planorbes, les Limnées ou les Vivipares — ou à des genres plus localisés, comme les Melanies, les Corbicules ou les Nodulaires.

Des Lépidoptères de grande taille et ornés des couleurs les plus brillantes voltigent d'un buisson à l'autre. Pendant les heures chaudes ils se réunissent, souvent par centaines, dans les rares endroits qui ont gardé quelque humidité. Nous avons vu, à la fin du mois d'août, des nuées de crépusculaires accourir chaque soir vers les arbres en fleurs croissant dans cette région.

*
* *

Abordons maintenant l'immense chaîne himalayenne. Nous allons constater un changement considérable dans l'allure de la faune ; mais, loin d'être brusque, cette modification est presque insensible et c'est pas à pas que nous la saisirons à mesure que nous nous élèverons dans la montagne. Nous passerons ainsi, par intermédiaires successifs, de la faune oriento-tropicale de la plaine à celle des hauts plateaux du Thibet qui se rattache incontestablement au système paléarctique. Ainsi nous sommes amenés à distinguer plusieurs zones fauniques dans ces régions montagneuses. Elles sont analogues à celles établies pour nos Alpes européennes ou, mieux encore, pour les géants de l'Afrique orientale comme le Kenia, le Kiliman'djaro, l'Elgon ou le Ruwenzori.

La première de ces zones commence vers une ligne que l'on peut tracer à l'altitude de Swarghat (environ 1 000 mètres au-dessus du niveau de la mer), sur le versant nord de la vallée de Sutledj. Elle semble s'étendre jusque vers 2 700 mètres, à la hauteur des localités de Ghary sur la Parvâti ; de Katrein et de Nuggar sur la Beas. On peut la désigner sous le nom de zone *indo-himalayenne*. Elle est caractérisée par un ensemble fort intéressant d'animaux constituant, à une altitude plus élevée que celle où vit la faune indienne, un groupement d'allure semi-tropicale.

29

Déjà nous avons constaté d'intéressantes modifications chez un certain nombre d'espèces de la faune indienne. C'est ainsi que le Léopard s'y montre avec une fourrure plus foncée et plus longue ; que le Lynx passe, grâce à de nombreux intermédiaires formant une chaîne ininterrompue, du Lynx du Kachmir identique à celui d'Europe ; que le Chien sauvage acquiert une taille plus forte et une fourrure plus épaisse que dans la plaine, etc. Il nous serait facile de multiplier les exemples.

Mais, en dehors de ces espèces plus ou moins modifiées, on rencontre aussi des espèces autochtones différentes. Elles sont encore peu nombreuses chez les Mammifères qui peuvent, beaucoup moins que d'autres groupes d'animaux, se soustraire aux influences du milieu. Nous n'avons pas rencontré d'Antilopes dans la zone indo-himalayenne, mais les Antilopes de montagnes, d'ailleurs très différentes de celles de la plaine, se retrouvent dans les régions plus élevées. Les Cervidés offrent, à certaines altitudes, un curieux mélange d'espèces paléarctiques et d'espèces indo-malaises. C'est ainsi que les formes holarctiques (Cervus Wallichii, Cervus affinis) habitent, dans le Kachmir ou le Sikim, des contrées semblables à celles qu'atteignent dans d'autres parties des Himalaya les formes indo-malaises (Rucervus Divaucellii, Rusa aristolis, Cervulus, etc.). Parmi les espèces de la région indienne, nous n'avons guère rencontré, entre 1 000 et 1 700 mètres, que les suivantes :

Innus rhesus;
Sorex nemorivagus;
Sorex Hodgsoni;
Martes flavigula;
Martes subhemachalana;
Lutra monticola;
Herpestes nepalensis;
Leggada Jordani.

Les Oiseaux offrent une diversité beaucoup plus grande. A côté d'espèces essentiellement tropicales comme les

Palæornis nepalensis;
Palæornis schisticeps;
Pignonotus leucogenys;
Pomatorhinus schisticeps;
Petrophila erythrogaster;
Dendrocitta himalayensis;
Dendrocitta frontalis;
Sturnus Humii;
Ruticilla frontalis;

Ruticilla erythrogaster;
Passer cinamomeus;
Glauciduim cuculoides, etc.

vivent des Oiseaux appartenant à des genres se retrouvant dans d'autres parties de l'Himalaya, dans l'Altaï, l'Afghanistan, la Mongolie, la chaîne de l'Arakan. Tels sont, par exemple :

Trochalopterum lineatum;
Urocissa cuculata;
Urocissa occipitalis;
Hodgsonius phœnicuroides;
Siva strigula;
Hypsipetes psaroides;
Propasser rhodochrous;
Cyanops asiatica;
Caccabis ehucar;
Archibuteo hemiptilopus, etc.

Les Reptiles sont nombreux. A côté des Lacertiens, les plus largement représentés, les Ophidiens tropicaux sont parfois très abondants dans certaines localités. Tel est le cas du fameux Cobra noir, le Naja si redouté.

Une très riche faune entomologique vit dans cette première zone montagneuse, où, déjà, nous rencontrons nombre d'espèces paléarctiques Nous avons toutefois noté que certaines vallées, comme celle de Garsa, ont gardé un caractère exclusivement tropical.

Les Coléoptères sont surtout représentés par des Carabiques, des Chrysomélides et des Lamellicornes rappelant par leur forme ou leur aspect général les espèces de nos montagnes européennes. Par contre, les formes géantes de certains Cerambycides et Dynastides, les Passales que nous avons recueillies en abondance sous l'écorce des arbres, constituent un ensemble montrant que la faune indienne n'est encore qu'en partie modifiée dans sa composition.

En nous élevant encore dans le massif himalayen, nous parvenons à une seconde zone, assez nettement caractérisée, celle des grandes forêts montagneuses. Elle est d'abord isolée sur des sommets de moyenne altitude comme, par exemple, la chaîne de Kandy. Puis elle s'étend sur les parties basses des monts de Lahoul et des Spiti.

Cette zone est particulièrement intéressante, car elle constitue un excellent passage entre les faunes indienne et paléarctique, passage beaucoup plus nettement accentué que dans celle précédemment indiquée. Nous proposons de l'appeler, pour cette raison, zone *paléarctico-himalayenne*.

Parmi les mammifères de cette région, nous signalerons un Singe curieux, le *Semnopithecus schistaceus* Hodgson, répandu, dans la chaîne himalayenne, de Koulou à Moupin. Rapporté pour la première fois en Europe par l'abbé A. DAVID en 1869, ce Singe montre de grandes analogies avec un autre du même groupe, le *Rhinopithecus Roxellanæ* qui vit dans le Thibet septentrional, c'est-à-dire dans la partie mandchourienne de la région paléarctique. Indiquons encore : le Tahr (Hemitragus junlaicus) qui, dans les vallées du Chamba et de la Sutledj, se reproduit en juin ; les Sars (*Nemorrhædus goral* Hardwicke), sorte de Chamois qui s'étend, à travers le nord-est de la Chine, jusqu'au Japon ; le Chevrotin porte-musc (*Moschus moschiferus* L.) ; l'Ours brun (*Ursus arctus isabellus*) et l'Ours thibétain (*Ursus tibetanus* Cuvier) vivant jusqu'à plus de 3 500 mètres d'altitude. Enfin les Renards, les Blaireaux, les Martres, les Loutres, les Écureuils volants, les Loups et même les Léopards sont fréquents dans toute la région

Les Oiseaux sont extrêmement nombreux. Parmi les plus caractéristiques que nous ayons rencontrés, nous citerons de nombreux Rapaces d'espèces diverses ; une sorte de Geai (*Garrulus lanceolatus* Vig.) ; des Mésanges (*Parus monticola* Vig. *Lophophanes rufonuchalis* Blyth, *Lophophanes melanolophus* Vig., etc.) ; un Chocard à bec rouge (*Perrhocorax pyrrhocorax* L.) ; un Merle de roche (*Myophoneus Temmencki* Vig.) ; des Pics (*Gecinus squamatus* Blyth, *Dendrocopus himalayensis* Har.) ; des Grimpereaux (*Certhia himalayensis* Vig.) ; des Sitelles (*Sitta leucopsis* Gould) ; des Gobe-mouches (*Hemichelidon siberica*) ; des Bergeronnettes montagnardes (*Motacilla Hodgsoni* Gray) ; des becs croisés (*Loxia himalayensis* Hodgs.) ; des Petrocincles comme le *Petrophila erythrogaster* et, surtout, le *Petrophila cyanea* Linné qui vit également en France ; des Grives, parmi lesquelles la Draine (*Turdus viscivorus* L.) ; un Cincle (*Cinclus kashmirensis* Gould) ; un Bouvreuil (*Pyrrhula erythrogaster* Vig.), très voisin de celui de nos pays ; un Roitelet (*Regulus cristatus* Koch) ; des Chardonnerets (*Corduelis caniceps* Vig.) ; des Gros becs (*Propasser rhodochrous* Vig.) ; des Chouettes (*Syrnium nivicola* Hodgs.) ; des Pipis résidant et nichant l'été à ces hautes altitudes et appartenant aux genres *Phylloscopus* et *Acanthopneuste;* des Faisans (*Catreus Wallichi* Jord.), etc.

Dans la partie supérieure de cette zone, les Reptiles sont représentés par plusieurs espèces ovipares. Cette particularité est certainement une adaptation due au climat : la température relativement basse de ces contrées ne permettant que très difficilement aux œufs des espèces ovipares de se développer normalement. Cette adaptation nous paraît absolument comparable à celle de la Salamandre des Alpes (*Salamandra maculosa*) qui, ovipare dans les régions basses, devient, d'après les observations de KAMMERER (1), vivipare dans les contrées d'altitudes élevées.

Le versant sud des Himalaya est très riche en Mollusques terrestres et fluviatiles. On y trouve de nombreux *Nanina* et *Helix* dont quelques-uns appartenant à des sous-genres spéciaux (comme les *Plectopylis*), Operculés terrestres (*Alcyæus, Cyclophorus, Diplomatina*, etc.). Déjà les genres paléarctiques font leur apparition avec, notamment, les *Vitrina* et les *Pupa*. Les eaux douces nourrissent abondamment des *Limnea*, des *Planorbis*, dont plusieurs espèces sont étroitement apparentées à celles de l'Europe.

Le caractère paléarctique des Insectes s'accentue considérablement. Nous trouvons, parmi les Coléoptères, un vrai Carabe et un Calosome très communément répandus ; des Bembidium et des Hister ; mais les familles les plus nombreuses sont, en dehors des Lamellicornes et des Longicornes, celles des Curculionides, des Chrysomélides, des Vésicants et des Ténébrionides. Le Passale, que nous avons signalé à Bajaura vit également dans cette région, où il est, d'ailleurs, beaucoup plus rare.

Les Hyménoptères sont légion et si plusieurs rappellent les espèces alpines, une Cigale, type méridional, habite encore ces hauteurs. Cependant, à quelques exceptions près, les Insectes que nous avions encore rencontrés à Bajaura (*Koulou*) ont disparu.

Les Lépidoptères nous donnent des indications particulièrement intéressantes. Sur quinze espèces que nous avons capturées à Pulga, cinq appartiennent à la faune française. C'est ainsi que nous avons rencontré le Grand Porte-queue (*Papilio machaon* L.) ; la Piéride du Chou (*Pieris brassicæ* L.) ; le *Colias Fieldii* Menet., qui remplace notre Soufré (*Colias hyale*) ; le Bronzé (*Polyommatus phlaeas*) ; les *Argymnis jaina-deva* Moore et *Argymnis rudra*, formes représentatives des *Argymnis aglaia* et *Argymnis adippe*, etc. Signalons encore de nombreuses espèces appartenant aux genres *Lycœna, Satyrus, Vanessa*, etc. Ainsi la majorité des Lépidoptères de cette région ont un caractère nettement paléarctique.

Les Crustacés sont représentés par des Amphypodes voisins des Crevettes d'eau douce. Malheureusement, nous n'avons jamais pu capturer de spécimens complets, des fragments seuls furent recueillis dans l'estomac des oiseaux aquatiques.

----

(1) ROUBAUD, thèse : *La Glossina palpalis*. Laval, Barneoould, éd., 1909.

Des Scorpions se trouvent encore à ces altitudes et des Araignées tisseuses vivent à la partie supérieure de cette zone.

*
* *

Surmontant les deux zones intermédiaires — dont nous avons essayé de faire ressortir l'intérêt faunique — se trouve enfin la région des hautes altitudes, comprenant les parties les plus élevées des chaînes des Spiti et de Lahoul ; les chaînes de Bara Lacha et du Rotang ; les provinces du Roukshou, du Narikhorsum, de Rudok ; une grande partie du Ladack, etc.

Nous sommes ici dans une région fort analogue à celle des *prairies alpines* de nos Alpes européennes ou des zones à *Lobelia* des hauts sommets de l'Afrique orientale. La vie devient de plus en plus rare à mesure que l'on s'élève et, comme sur toutes les chaînes de grande altitude, elle s'éteint à la limite inférieure des glaciers et des neiges éternelles.

Cette fois, l'ensemble de la faune est nettement paléarctique et, sur les plateaux très élevés du Thibet, nous ne rencontrons plus d'animaux tropicaux.

Les Mammifères sont représentés par des Lièvres (*Lepus hypsibius*) ; des Marmottes (*Arctomys himalayensis* Hodgson, *Arctomys caudatus Arctomys Hodgsoni*) ; des Campagnols (*Arvicola*). Les Onces (*Felis uncia*) vivent un peu partout, ainsi que des Chats sauvages. Par contre, un Chat plus rare (*Felis nigripectus*) habite le Ladack en compagnie du *Felis manul* qui se retrouve au Thibet. Le Lynx (*Felis lynx isa- bellina*) se rencontre dans les Spiti et au Tsho Morari avec le Loup ou Chanco des Thibétains (*Canis lupus laniger*) et le Chien sauvage (*Canis [Cyon] sumatrensis*), grand destructeur de gros gibier. Le Shiru (*Pantholops Hodgsoni*) habite une grande partie des régions enveloppant le Roukshou, le Changohemmo (où il est plus rare) et le Narikhorsum. Dans ces mêmes localités et dans le Henlé vit la Goa (*Gazella picticaudata*). L'Ibex (*Capra caucasica*), répandu partout, montre une variété spéciale à la vallée du Sind (*Capra hirca*). L'Hemione (*Equus hemionus*), que les Thibétains nomment Kiang, est assez fréquent sur les hauts plateaux. Parmi les Moutons sauvages nous citerons : l'*Ovis hammon* des monts des Lacs Salés, de Tara et des contrées situées à l'est du Tsho-Morari ; le Sharpu (*Ovis vignei*) des régions occidentales du Roukshou et du Ladack ; et le mouton bleu (*Ovis nahura*) de la Haute-Sutledj et de la Haute-Parvâti jusqu'à l'Indus supérieur. Le Yack (*Bos [Pœphagus] grunniens*) ou Dong des Thibétains est assez rare au Ladack, bien qu'il habite le Changchemmo. Il vit en demi-domesticité sur les bords du Tcho Morari : la taille, la couleur et la férocité des sujets ainsi dominés par l'homme font penser qu'ils ont été capturés dans le voisinage et domestiqués depuis bien peu de temps. Une espèce de Phoque nous a été signalée, à tort ou à raison, par nos guides. Si elle existe réellement, elle doit être voisine du phoque du lac Baïkal (*Phoca siberica*).

Les Oiseaux sont encore relativement nombreux à ces formidables altitudes. Nous y avons rencontré : un Corbeau géant (*Corvus thibetanus* Hodgs.) ; une Pie (*Pica rustica* Hume) ; le Chocard alpin (*Pyrrhocorax alpinus* V.) ; la Rose vivante des Alpes (*Tichodroma muraria* L.) ; une espèce de Rossignol (*Ruticilla erythrogaster* Jord.) ; des Passereaux (*Montifringilla Adamsi, Montifringilla Brandri*) ; des Alouettes à cornes, *Otocorys longirostris* Gould, vivant jusqu'à 5 000 mètres d'altitude, *Otocorys penicillati* Gould et une espèce nouvelle, l'*Otocorys Wellsi* Babault ; des Vautours, des Gypaètes (*Gyps himalayensis*) et des Aigles (*Aquila imperialis* Blyth, *Aquila chrysaetus* L.). Un grand nombre d'Oiseaux migrateurs (*Charadrius, Ægialitis, Totanus, Tringa, Anas, Casarca, Anser*, etc.) viennent nicher dans ces régions. Notons que l'on trouve également, dans ces mêmes parages, un Oiseau (*Merganser castor*), originaire des contrées tempérées de l'hémisphère nord et de l'Asie centrale, qui vient également y nicher mais en adoptant une direction exactement opposée à celle qu'il devrait prendre pour suivre le mouvement migrateur estival des espèces habitant les mêmes régions que lui.

Nous n'avons rencontré comme Reptile, à de telles altitudes, qu'un Lézard ; il existe également une Salamandre, mais nous n'avons pu nous procurer aucun spécimen du dernier de ces animaux.

Les Mollusques terrestres sont représentés, à peu près uniquement, par des genres européens : *Endodonta, Helix, Pupa*, mais surtout *Buliminus*. Ce dernier, qui est le genre dominant, offre une suite très riche d'espèces apparentées à celles du Turkestan, de la Perse et des contrées avoisinant la mer Caspienne. Parmi les Gastéropodes fluviatiles, nous indiquerons les Limnées et les Planorbes, genres ubiquistes, mais dont les espèces sont ici si voisines de celles de nos pays qu'elles ont souvent été désignées sous les noms de *Limnæa stagnalis* L., *Limnæa auricularia* L., *Planorbis albus* Müll., etc. En réalité, ces animaux, qui sont absolument paléarctiques, ne sont pas rigoureusement identiques à ceux d'Europe. Un examen attentif montre, en effet, que les espèces des Hauts-Himalaya et du Thibet sont presque toujours des *formes représentatives* des espèces européennes correspondantes. Nous ne citerons qu'un exemple : dans le lac Pang kong — et dans la presque totalité des eaux douces du Thibet et du Ladack — vivent abondamment des Planorbes, qu'après un premier examen, le naturaliste rapporte à une espèce européenne très commune, le *Planorbis albus* Müller. Mais, après étude, il ne tarde pas à saisir des différences très notables et constantes entre ces Planorbes et leurs congénères d'Europe. Aussi ces Mollusques ont-ils été décrits sous les noms de *Planorbis ladacensis* Nevill, *Planorbis pankongensis* Nevill, etc. Ils ne sont, en réalité, que les espèces représentatives, sur les hauts plateaux de l'Asie centrale, du *Planorbis albus* Müll., si répandu dans les eaux douces européennes.

Par suite de la pauvreté de la végétation, les Insectes sont beaucoup moins abondants que dans les zones précédentes. Les Cérambycides et les Curculionides sont, pour cette raison, uniquement représentés par de petites espèces vivant sur les herbes. Les autres Coléoptères appartiennent principalement aux familles des Carabides et des Curculionides. Nous citerons, parmi les espèces les plus intéressantes que nous avons pu recueillir : sept espèces de *Bembidium*, toutes nouvelles pour la faune de l'Inde, vivant sur les bords des Lacs Salés (3 627 mètres d'altitude) et aux environs de Leh (3 430 mètres) ; un *Chlænius* (*Chlænius cæruleus* Stév.) récolté dans le Ladack, vers 4 000 mètres au-dessus du niveau de la mer, et qui se retrouve en Arménie et dans le sud de la Russie ; quelques exemplaires du *Broscus punctatus* Déj., petite espèce répandue depuis l'Égypte jusqu'à la Chine, mais qui, commune dans le nord de l'Inde, se raréfie dans les montagnes : nous l'avons trouvée à Badia, dans le Pendjab ; l'*Harpalus quadricollis* Koll., Coléoptère du Kachmir, que nous avons récolté dans le Lahoul entre 3 000 et 4 000 mètres d'altitude ; un autre *Harpalus* (*Harpalus amarellus* Bates), qui semble limité à l'Inde du nord-ouest, a été recueilli par nous, non seulement dans le Lahoul, mais aussi dans la zone précédente, à Bajaura (Kangra district). Aux environs de Leh (3 430 mètres d'altitude) et près des Lacs Salés (3 627 mètres) nous avons trouvé trois espèces de *Trichocellus* qui sont probablement nouvelles ; cinq espèces d'*Amara*, sans doute inédites également, vivent dans les Spiti, le Lahoul, les environs de Leh, à Koti au pied du Rotang et s'élèvent jusqu'à 4 000 mètres environ au-dessus du niveau de la mer. Le *Calathus Kollari* (Putz) est un Coléoptère commun sur le versant sud des Himalaya qui n'avait pas encore été indiqué sur les sommets ou sur le versant nord ; nous l'avons découvert d'abord à Bajaura, puis dans les Spiti, le Lahoul et le Kachmir, Une espèce à très large distribution géographique, le *Masorcus orientalis* Dej., a été trouvée dans le Pendjab à Nalaghar ; elle est inconnue dans l'Inde méridionale, mais vit dans toute la région méridionale et même aux îles Canaries. Nous avons recueilli, dans le Lahoul, le *Lacon*

ellipticus et une espèce, peut-être nouvelle, de *Limonius*, genre représenté
en Sibérie, en Europe et dans l'Amérique du Nord par une riche suite
d'espèces. Enfin une forme de Sibérie, l'*Hypnoidus gibbus*, habite le col
du Rotang, à 3 960 mètres au-dessus du niveau de la mer.

La plupart de ces animaux ne vivent plus sur les très hauts sommets
et, au-dessus de 4 800 mètres, il existe seulement un nombre tout à fait
restreint d'espèces qui y séjournent d'une manière à peu près cons-
tante.

***

C'est sur les pentes méridionales des énormes chaînes himalayennes
que s'opère le passage de la faune orientale ou malaise à la faune paléarctique. Au pied des Himalaya vit une population zoologique tropicale.
Puis, entre 1 000 et 1 700 mètres d'altitude, la zone que nous avons
appelée indo-himalayenne est habitée par un groupement zoologique déjà
différent, offrant un curieux mélange d'espèces orientales et d'espèces,
encore peu nombreuses, d'allure holarctique. Ce caractère s'accentue
considérablement dans la zone supérieure que nous désignons sous le
nom de paléarctico-himalayenne. Ici les genres et les espèces à caractères
européens sont de plus en plus variés : la zone des prairies alpines, celle
du désert alpin, jusqu'au contact des glaciers, là où la vie est encore
possible, ne sont plus guère habitées que par des animaux paléarctiques.
Enfin, sur le versant nord des Himalaya, dans le Ladack ou le Thibet, la
faune est absolument holarctique, cependant elle reste d'allure alpine,
étant donnée l'altitude considérable de ces pays. Elle montre, en outre,
des affinités nombreuses avec celle de la Chine méridionale.

Nos constatations viennent ainsi corroborer les recherches de
W. T. BLANFORD : la faune paléarctique s'avance du nord et du nord-
ouest et couvre toutes les hautes terres du Pendjab et du Thibet ainsi
que les régions désertiques des grandes altitudes. Le passage à la faune
indienne du nord (*faune transgangétique* de Blanford) s'opère dans les
zones précédemment définies. Il est d'ailleurs à remarquer que, dans
les régions forestières de l'Himalaya, le nombre des espèces holarctiques
est d'autant plus grand que l'on s'avance davantage vers l'ouest. Tout
semble s'être passé comme si la faune transgangétique, d'abord établie
dans la zone forestière, y avait succombé pendant une période plus
froide puis était revenue s'y réinstaller à une époque plus récente.

. Le voyageur qui, partant des plaines de l'Inde, se dirige vers
le Thibet en traversant les Himalaya verra se dérouler sous ses yeux

les changements fauniques que nous avons essayé de mettre en lumière.

Aux plaines tropicales, couvertes d'une riche et luxuriante végétation, peuplées d'une faune équatoriale, le voyageur verra succéder, à mesure qu'il s'élèvera dans les montagnes, des paysages plus familiers aux yeux européens. Il rencontrera d'abord quelques arbres, quelques animaux lui rappelant ceux de nos pays, mais encore exceptionnels, par leur nombre, au milieu de tant de formes indiennes à l'aspect parfois étrange, aux couleurs souvent éclatantes. Puis, peu à peu, les espèces holarctiques se multiplieront : elles deviendront les plus nombreuses dans la zone des grandes forêts himalayennes, et constitueront à peu près uniquement la faune des prairies et des déserts alpins. Enfin, sur les plateaux si élevés du Thibet, sur ce toit du monde au climat rude et aux paysages à la fois sévères, sauvages et grandioses, ne vivent plus que des animaux paléarctiques, à la vérité un peu différents de ceux de l'Europe mais qui tous appartiennent aux mêmes familles, aux mêmes genres, très souvent aux mêmes sous-genres.

Les matériaux zoologiques recueillis au cours de notre mission sont actuellement entre les mains des spécialistes. Leur étude, forcément très longue et très délicate, n'est pas encore terminée. Cependant, les travaux déjà publiés permettent d'espérer que leur ensemble formera un document important sur la faune des régions himalayennes. Nous donnons ci-dessous une analyse succincte des résultats obtenus jusqu'ici.

Mammifères. — Les Mammifères ont été étudiés par M. Kollmann. Nous avons rapporté vingt et une espèces représentées par de nombreux individus ; plusieurs n'étaient pas encore dans les collections du Muséum d'histoire naturelle de Paris.

Oiseaux. — Nous avons été assez heureux pour recueillir une espèce nouvelle, l'*Otocorys Wellsi*, et deux sous-espèces également inédites : le *Scotocichla fusicapilla Babaulti* et le *Dicæum erythrorhynchus ceylonensis*.

Nos nombreuses notes biologiques permettent de décrire ou de préciser les mœurs et le *modus vivendi* d'un grand nombre d'espèces et, notamment, des *Syrmium nivicola* Hogds., *Glaucidium cuculoides* Sharp., *Œgialitis mongolus* Blyth, *Anthus Jerdoni* Sharp, *Sterna fluviatilis*, etc. Nous avons pu, d'autre part, fixer l'époque du passage et de la nidification de certains Oiseaux et dresser une longue liste de stations permettant d'assigner de nouvelles limites à leur aire de dispersion. C'est ainsi que nous avons recueilli, à Bajaura, le *Butastur teesa* Hodgs. inconnu jusqu'ici dans l'Himalaya ; que les *Coccystes jacobinus* Brod. et *Nucifraga hemispila* Vig., signalés comme vivant dans les pays médiocrement élevés, habitent à de très grandes altitudes ; que les *Gramatoptila striata* Vig., *Anthus maculatus* Hodgs. et *Urocissa occipitalis* Blanf., donnés comme ne dépassant pas, à l'ouest, la rivière Sutledj, se retrouve bien au delà ; que les *Otocorys penicillata*, *Sitta leucopsis* Gould et *Certhia himalayensis* Vig. dépassent la frontière du Kachmir, contrairement à ce qui était admis jusqu'ici.

Quelques Oiseaux sont l'objet d'un véritable commerce. On fait combattre, à la façon des Coqs dans le nord de la France, le *Caccabis chucar* Blyth et le *Francolinus francolinus* Olg. et Grant. Le *Palæornis nepalensis* Hodgs. remplace les Perroquets et son prix dépasse souvent celui de deux Moutons. De nombreux Rapaces sont dressés par les spécialistes en vue de la chasse.

REPTILES et BATRACIENS. — Nous avons recueilli cent sept exemplaires de Reptiles se répartissant en quatorze genres. Parmi ces Reptiles, étudiés par M. CHABANAUD, quatre espèces manquaient aux collections du Muséum national d'histoire naturelle : les *Gymnodactylus nebulosus* Bedd., *Agama himalayensis* St., *Phrynocephalus Theobaldi* Blyth et *Lygosoma himalayensis* Gunth.

Les Batraciens que nous avons rapportés sont représentés par vingt spécimens comprenant six espèces (deux genres) dont l'une, le *Bufo himalayennsis* Gunth, n'existait pas dans les collections du Muséum.

MOLLUSQUES. — Notre collection de Mollusques terrestres et fluviatiles renferme un grand nombre d'espèces appartenant aux genres *Kaliella*, *Helix* (divers sous-genres), *Nanina*, *Buliminus*, *Limnæa*, *Planorbis*, *Nodularia*, etc. M. L. GERMAIN, qui a entrepris l'étude de ces matériaux, y a trouvé des documents intéressants qui lui permettront de préciser la répartition géographique de plusieurs espèces et d'établir d'utiles comparaisons avec les formes des régions voisines (Afghanistan, Turkestan, Perse, etc.).

CRUSTACÉS. — M. le professeur E.-L. BOUVIER a bien voulu se charger de l'étude des Crustacés d'eau douce. Parmi les Décapodes Macroures, nous avons recueilli deux espèces nouvelles de Crevettes appartenant au genre *Caridina* : le *Caridina rajadhari* Bouvier et le *Caridina Babaulti* Bouvier. Cette dernière, que le professeur E.-L. BOUVIER a eu l'amabilité de nous dédier, provient, comme la précédente, des régions montagneuses de l'État de Kawarda. Elle offre un intérêt particulier en raison de ses caractères, la rapprochant beaucoup d'une espèce (*Caridina Davidi* Bouvier) vivant en Chine (Pékin, Kouy-Tcheou), c'est-à-dire de l'autre côté de la chaîne himalayenne.

Parmi les Brachyures nous indiquerons un nouveau Crabe d'eau douce, le *Potamon Babaulti* Bouvier, recueilli dans la vallée de Koulou, à Bajaura sur la Béas (Himalaya oriental).

L'existence de ces Crabes dans un district himalayen présente un intérêt d'ordre également épidémiologique. On sait que les Crabes de ce genre doivent être comptés parmi les hôtes intermédiaires du Trématode, agent de la Distomatose pulmonaire de l'Extrême-Orient, *Paragonimus Westermanni*. Les recherches récentes du savant japonais Koan Naka-gawa (1) à Formose, confirmées par celles d'Iturbe et Gonzalez (2) au Venezuela plus récentes pour les Crabes du genre *Pseudotelphusa*, ont en effet établi que ces Crabes d'eau douce servent de second hôte aux cercaires du Trématode. La question se pose de savoir si le parasite en question n'existe pas actuellement sinon chez l'homme, tout au moins chez les animaux dans la province himalayenne, ou s'il ne pourra quelque jour être importé dans les régions où se rencontrent ses hôtes intermédiaires.

Les autres Crustacés rapportés par notre mission (Amphipodes, Palé-monides) n'ont pas encore été étudiés.

INSECTES. — Parmi les Insectes, quelques familles seulement dans l'ordre des Coléoptères ont été étudiées : les *Melolonthidæ* et *Rutelidæ* par M. HARROW du British Museum qui a distingué, sur dix-huit genres et trente espèces, cinq espèces nouvelles.

Les *Carabidæ* par M. ANDREWES, qui a décrit quarante espèces, un genre et un sous-genre nouveau.

Les *Histeridæ* par M. DESBORDES, qui a relevé parmi ces insectes une nouvelle espèce.

(1) *Journ. of Diseases*, t. XVIII, février 1916, et *Journ. Exp. Med.*, t. XXVI, n° 3, 1er septembre 1917.
(2) Publication du Laboratoire Sturbe, 1918.

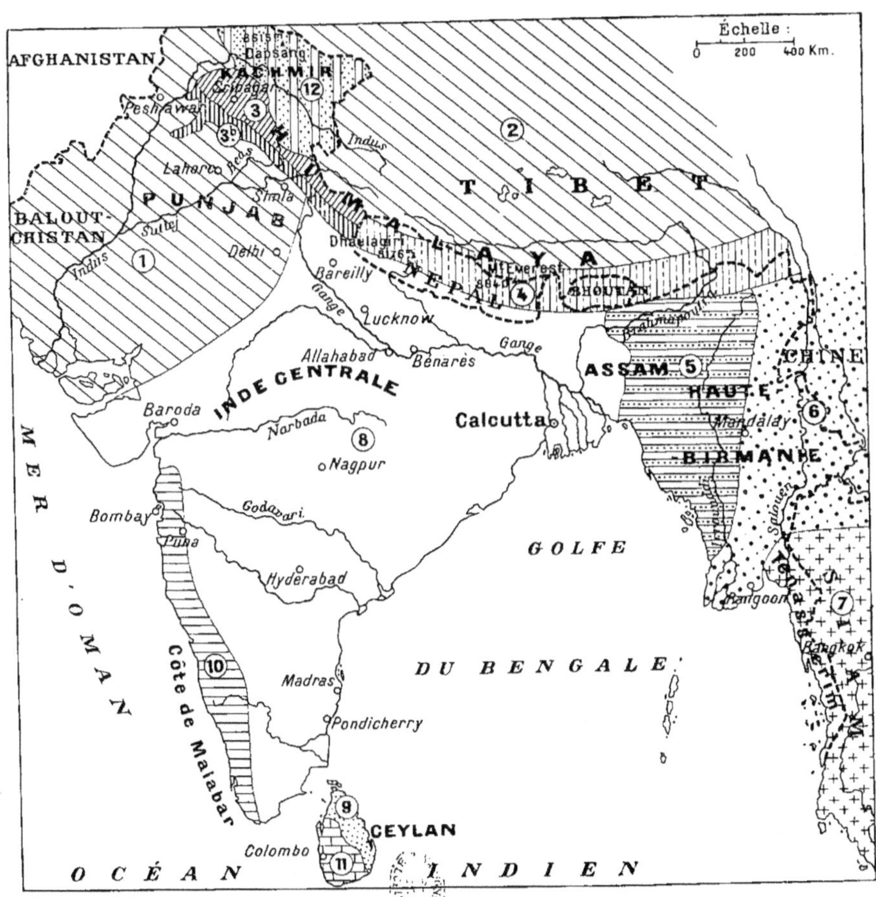

Régions fauniques de l'Inde d'après W.T. Blandford

Région paléarctique : ① Pandjab .. ② Tibet .. ⑫ Kachmir .

Sous région transgangétique : { Himalaya occidental { ③ Paléartico-Himalayenne . ③ᵇ Indo-Himalayenne . ④ Himalaya oriental .. ⑤ Assam . ⑥ Haute Birmanie .. ⑦ Ténasserim ..

Sous région cisgangétique : ⑧ Inde Centrale . ⑨ Ceylan (partie Nord)

Sous région de Malabar : ⑩ Côte de Malabar .. ⑪ Ceylan (partie montagneuse)

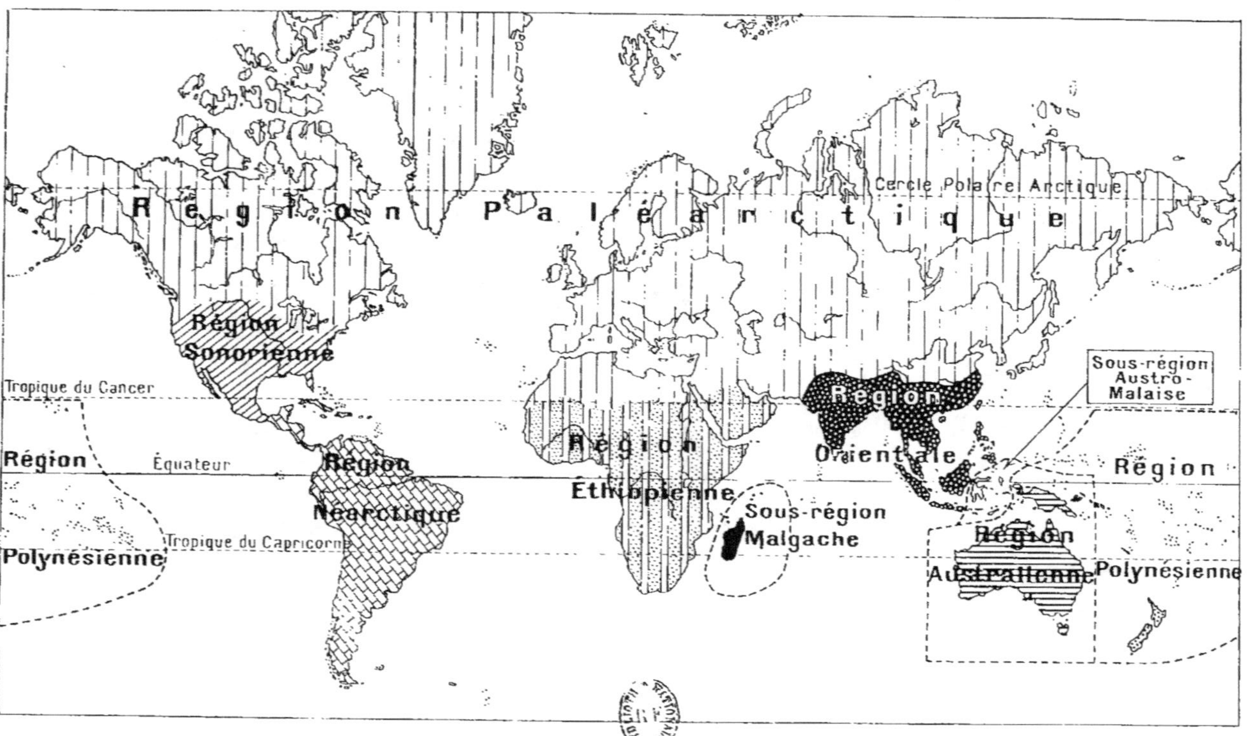

Répartition des régions zoogéographiques du globe.

TABLE DES MATIÈRES

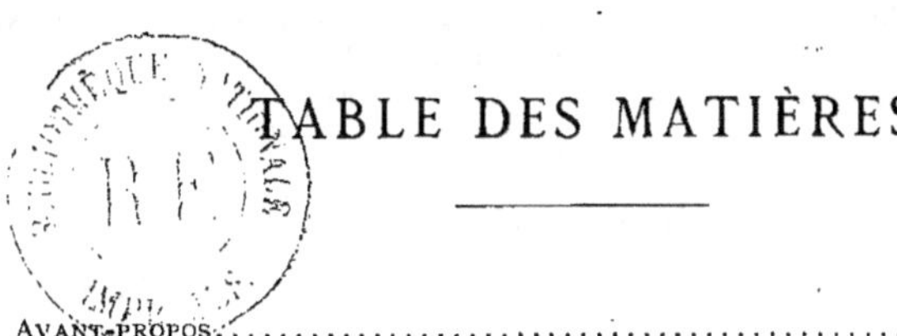

CHAPITRE VII

CHAPITRE VIII

CHAPITRE IX

CHAPITRE X

CHAPITRE XI

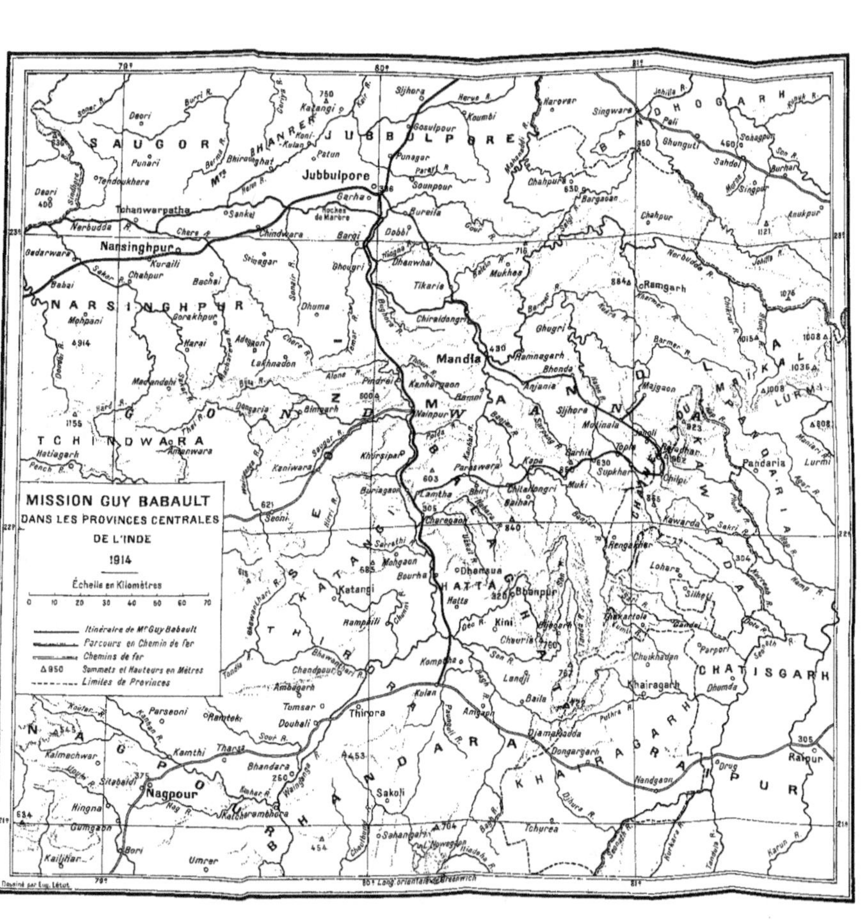

MISSION GUY BABAULT
DANS LES PROVINCES CENTRALES
DE L'INDE
1914
Échelle en Kilomètres
0 10 20 30 40 50 60 70
Itinéraire de Mr Guy Babault
Parcours en Chemin de fer
Chemins de fer
△950 Sommets et Hauteurs en Mètres
Limites de Provinces
Dessiné par Eug. Létut
SAUGOR
JUBBULPORE
Jubbulpore
NARSINGHPUR
Narsinghpur
GONDWANA
TCHINDWARA
MANDLA
Mandla
MAIKAL
BANDHOGARH
CHATISGARH
BHANDARA
KHAIRAGARHPUR
NAGPOUR
Nagpour
Raipour
Gerha
Narbudda R.

MISSION GUY BABAULT
DANS LES PROVINCES CENTRALES
DE L'INDE
ET DANS
LA RÉGION OCCIDENTALE
DE L'HIMALAYA
1914
Échelle en Kilomètres
Itinéraires de M. Guy Babault
Parcours en chemin de fer
frontières
Chemins de fer
Cols   Hauteurs en mètres
SUPERFICIES
COMPARÉES
DE L'INDE
ET DE LA FRANCE
Échelle en Kilomètres
FRANCE
Paris
INDE
TIBET
BALTISTAN
DARDISTAN
KOHISTAN
KOUENLOUN
TIBET
PLATEAU DE LING TZI THUNG
NOUBRA
HIMALAYA CENTRAL
PENDJAB
ÉTATS SIKHS
PROVINCES UNIES
GARHWAL
KOUMAON
CACHEMIR
LAHOUL
PATWAR
Pechawer
Attock
Campbellpur
Rawal Pindi
Djhelam
Lahore
Amritsar
Loudiana
Firozepore
Ambala
Delhi
Moradabad
Leh
Skardo
Kachmir
Srinagar
Mozafferabad
Baramula
Abbottabad
Kishtwar
Badrawar
Dalhousie
Sialkot
Wazirabad
Gujrat
Gurdaspur
Mianmir
Simla
Mandi
Suket
Rampur
Hardwer
Saharanpur
Rurki
Deobund
Najibabad
Ranikhet
Almorah
Bombay
Madras
Calicut
Haiderabad
Jubbulpore
CALCUTTA
NEPAL
AFGHANISTAN
Delhi
Bénarès

Cet ouvrage a été achevé d'imprimer par

Plon-Nourrit et Cie

à Paris, le 21 décembre 1921.

www.ingramcontent.com/pod-product-compliance
Lightning Source LLC
LaVergne TN
LVHW021631060726
842527LV00003B/621